JN187087

基本からわかる
情報通信ネットワーク
講義ノート

大塚裕幸 ［監修］
大塚裕幸・小川猛志・金井 敦・久保田周治・馬場健一・宮保憲治 ［共著］

Ohmsha

監修のことば

情報収集の環境は大きく変わりました．インターネットのない時代は，自分の勉強や研究に必要な情報の収集・調査・分析には膨大な時間を要しました．極端にいうと，図書館に行き，新聞や論文から必要な情報を見つけ出さねばなりませんでした．しかし，インターネットの登場により，その環境が一変しました．今では，ほとんどの情報がデータベース化されインターネットを介して公開情報として検索できるようになりました．さらには，携帯電話・スマートフォンの登場により，外出先でも簡単に必要な情報が入手できるようになりました．このように情報通信ネットワークの変化・進歩により情報収集を含めた生活スタイルは大きく変わりました．情報源としての重要性においてインターネットは新聞を上回り，携帯電話契約数は総人口を超えるに至りました．さらにはソーシャルメディアによる新しいコミュニティの形成や情報の共有が猛スピードで進展しています．今となっては，情報通信ネットワークは日常生活に必要不可欠なライフラインとなっていると言っても過言ではありません．

本書は，その情報通信ネットワークの基本を身につける教科書あるいは参考書として企画しました．実際にネットワークを目にする機会はほとんどないと思いますので，なるべくわかりやすい図面を用いて平易に解説することを心掛けました．また，情報がネットワーク上をどのように伝わるか（通信するか）という視点で，主にネットワークの接続形態，階層構造，通信規約に焦点を当てており，情報を伝送するためのハードウェア技術を深く知らなくても学習できるように工夫しています．さらに，学習内容を細かくチェックするために例題，練習問題を多く取り入れています．

本書は全８章で構成しています．まず１章では身近な情報通信ネットワークとそれらを支える基本的な技術について述べ，情報通信ネットワークに対する具体的なイメージを形成します．２章では情報を送信側にてどのように通信用の信号に変換するか，受信側にてどのようにもとの情報に復元するか，すなわち情報の符号化および変復調技術について述べます．3章では送信信号をいかに効率よく相手先に届けるか，あるいは信頼性からみてどの接続形態が最適かといった視点からネットワークの設計手法について述べます．4章では通信に必要な機能をどのように規定しているのかを理解するために，通信プロトコルの基本的な考え方，ネットワークの階層構造，TCP/IP プロトコルについて述べます．5章では，OSI 参照モデルの物理層，データリンク層およびネットワーク層の機能と役割について述べます．引き続き6章では OSI 参照モデルの上位層に位置するトランスポート層，セッション層，プレゼンテーション層およびアプリケーション層の機能と役割について述べます．7章では電子メール，Web サービスなどのインターネットサービスについて基本的な仕組みとその通信プロトコルを紹介します．これらの具体的なサービスを通じて情報通信ネットワークの理解を深めます．8章では社会的な問題となっているフィッシング詐欺などの攻撃に対するネットワークセキュリティについて述べます．

本書は情報通信ネットワークとは何か，その基本的な仕組みはどうなっているのかを，できるだけわかりやすく記述することを目的に大学教員6名により総力を挙げて執筆しました．本書が，情報通信ネットワークの分野で将来活躍することを夢見る諸君の座右の書となることを期待しています．最後に，本書の出版にあたっては，株式会社オーム社の皆さんにたいへんお世話になりました．深く感謝申し上げます．

2015年12月

監修者　大塚裕幸

目　次

1章　情報通信ネットワークとは

2章　ディジタル通信を支える技術

3章　情報通信ネットワークの形態と基本設計

4章 通信ネットワークの階層構造

5章 プロトコル階層Ⅰ　下位プロトコル

6章 プロトコル階層Ⅱ　上位プロトコル

7章 インターネットサービス

8章　ネットワークセキュリティ

Memo

Date　・　・

1章

情報通信ネットワークとは

1−1　身近な情報通信ネットワーク

1−2　情報通信ネットワークのモデル化

1−3　情報通信ネットワークの基本

本章では情報通信ネットワークの全体像を理解するために，情報通信の歴史および最新の技術動向，ネットワークのモデル化と要素技術について説明していきます．

はじめに情報通信の歴史について示します．身近な情報通信ネットワークとしてインターネット，携帯電話，無線LANを取り上げ，それらがどのような発展を遂げてきたかについて述べます．また，今後の発展が期待されている技術として，IoTやネットワークの仮想化についてもその概要を紹介します．

次にネットワークのモデル化として伝送媒体，ネットワークの構成，ネットワークトポロジー，通信プロトコルについてそれらの概要を説明します．物理的な回線である伝送媒体上で，通信を行うための取決めである通信プロトコルによって情報通信ネットワークがどのように機能するのでしょうか．

さらに本章では，情報通信ネットワークを理解するうえで基本となる要素技術についても説明します．どのようにして情報（信号）が目的地に到達するのか，どのように情報を束ねると回線の利用効率がよくなるのか，情報の品質・特性はどう考えればよいのかについて概要をみてきましょう．

1-1 身近な情報通信ネットワーク

キーポイント

情報通信ネットワークの進歩に伴う生活のスタイルは大きく変わってきました．特に，インターネット，携帯電話は身近な存在であり，日常生活に必要不可欠なライフラインとなりました．これからは，人に加えてさまざまなものがネットワークに接続されるようになります．

携帯電話がなかったころの待合せは大変そうですね．

固定電話がない家も増えているそうですね．

1 情報通信ネットワークの歴史

現代の情報通信ネットワークはとても便利で使いやすいですね．しかし，ここに至るまでには長い研究開発の道のりがありました．本格的な勉強に入る前にまずは情報通信ネットワークの歴史について理解することにしましょう．

身近な電気通信サービスである電話は1876年に米国のグラハム・ベル（Alexander Graham Bell）によって発明されました．その後，手動交換機，機械式交換機，電子交換機，ディジタル交換機が順次発明され，それらの交換機を用いた回線交換という方式に基づいて公衆電話サービスが提供されています．一方，1969年にアメリカ国防総省が開発したARPANETが登場します．これはコンピュータどうしがデータ通信を行う目的で開発されたものでパケット交換という方式を用いています．1988年には，音声とデータを一つのネットワークに収容するISDNが登場します．これは，1本の加入者線を使って電話とコンピュータによるデータ通信を同時に利用できるものです．この頃から日本においては，大学や研究機関を中心にインターネットが普及し始めます．1990年代に入ると，世界中のサーバで公開されている情報をインターネット経由で閲覧できるWorld Wide Web（WWW），いわゆるWebが登場します．このWebの登場によりISDN回線を用いてインターネットにダイアルアップ接続*する一般利用者が急増します．1990年代にマルチメディア通信用として高速な情報転送を可能とするATM交換方式が導入されます．

ネットワークの通信路に着目すると，従来は銅線（ツイストペアケーブル）や

補足➡「ARPANET」：advanced research projects Agency Network,「ISDN」：integrated services digital networks,「ATM」：asynchronous transfer mode

（*） ISDNやADSLが普及する前のインターネット接続方法です．

同軸ケーブルが利用されていましたが，近年は光ファイバケーブルが主流です．光ファイバケーブルは信号の伝送損失が小さく，高速の通信が可能であるという点で銅線や同軸ケーブルよりも格段に優れています．幹線系（主要なポイントどうしを結ぶネットワーク）の通信路はもちろんのこと，日本では2001年からFTTHが推進され，各家庭においても光ファイバケーブルを用いて電話，インターネットを利用するのが一般的となっています．2008年には，光ファイバをベースとしてさまざまなネットワークを統合するNGNのサービスが開始されました．これまでは，例えば固定電話ネットワークと携帯電話ネットワークは独立に運用されていましたが，同一のネットワーク基盤に統合しようというものです．NGNはIPネットワークで構成され，さまざまな機能ブロックを規定し，それらをオープンなインタフェースで接続できるようにしたものです．したがって，誰もが新しいアプリケーションやサービスを創造することができるようになりました．

無線による通信も重要です．1897年にイタリアのマルコーニ（Guglielmo Marconi）が無線通信の実験に成功したのがはじまりです．その後，さまざまな無線通信方式が実用化されましたが，ここでは身近な携帯電話を取り上げます．1979年に自動車電話サービスが開始されました．当時はまだ携帯電話とは呼ばれておらず，自動車搭載電話でした．1987年に小型携帯電話によるアナログ携帯電話サービスが開始され，その頃から一般用に普及するようになりました．1990年代に入るとディジタル方式の携帯電話サービスが開始され，利用者は急

表1·1 ■第1世代から第4世代の携帯電話

	第1世代（1980年代）	第2世代（1990年代）	第3世代（2000年代）	第4世代（2010年代）
端末（携帯電話，スマートフォン）	（1987年）	（1998年）	（2007年）	（2013年）
重さ〔g〕	900	155	90	141
大きさ〔cc〕	500	152	58	92

（提供：NTTドコモ）

補足⇒「光ファイバケーブル」：optical fiber cable，「FTTH」：fiber to the home，「NGN」：next generation network，「IP」：internet protocol，「LTE」：long term evolution

速に増加しました．2000年代に入るといわゆる第3世代移動通信システム（3G）のサービスが開始され通信速度が大幅に向上しました．2010年にはさらなる高速化とネットワークの効率化を追求した第4世代移動通信システム（4G）であるLTEのサービスが開始されました．**表1・1**にそれぞれの世代の代表的な携帯電話，スマートフォンを示します．

2 インターネット

インターネットはコンピュータネットワークの一つであり，全世界のユーザとの通信を可能とするグローバルなネットワークです．企業，大学のLANなどのサブネットワークが相互に接続されて結果的に世界的規模のネットワークとなっています．インターネットに接続するためには，プロバイダと呼ばれる事業者と契約する必要があります．このプロバイダは正式にはISPと呼び，各ユーザが使用するパソコン（PC）に固有の識別番号であるIPアドレスを割り当てます．固定電話や携帯電話が電話番号によって識別されているのと同じ考え方です．IPアドレスは，現在普及しているIPv4では32ビットで表現され，新しい形式のIPv6では128ビットに拡張されています．IPv4がIPv6に拡張された理由は，センサ，家電製品などのさまざまな機器がインターネットに接続されることを想定したものです．

インターネットはパケット交換を基本としており，IPルータによりパケットの送出先を決定しています．**図1・1**にIPルータを用いたコンピュータネットワ

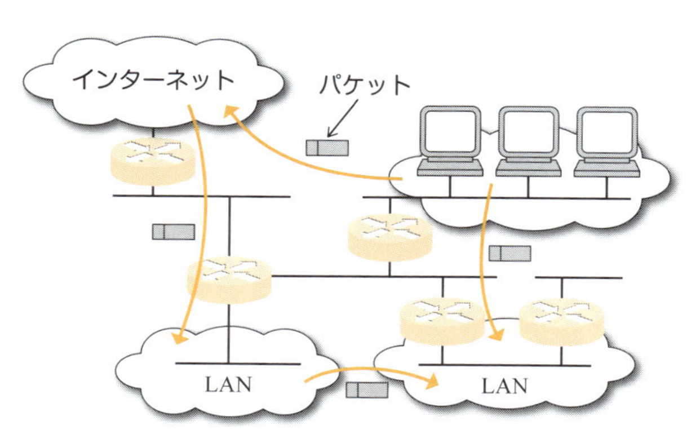

図1・1■IPルータを用いたコンピュータネットワーク

補足→「LAN」：local area network，「ISP」：internet service provider，「IPv4」：IP version 4，「IPv6」：IP version 6，「IPルータ」：IP router

ーク，LAN の構成を示します．このパケットの通信制御には TCP/IP（詳細は 4 章 4-3 節参照）が用いられています．なお，通信の伝達方式は，通信相手の数によって以下の 3 種類に分類できます．

- ユニキャスト：単一のアドレスを指定した 1 対 1 の通信
- マルチキャスト：複数の特定したアドレスを指定した 1 対複数の通信
- ブロードキャスト通信：同じリンク内のすべての宛先を指定した 1 対不特定多数の通信

3 携帯電話，無線 LAN

日本における携帯電話，スマートフォンの普及率（総人口に対する契約者数の割合）は 2013 年度に 100%を超えました．携帯電話は無線基地局および無線ネットワークを経由して相手方と通信を行う，あるいはインターネットに接続します．有線ネットワーク，コンピュータネットワークとの違いは，ユーザが移動しても通信を継続できることです．携帯電話システムは，セルと呼ばれる一つの無線基地局が管轄する範囲を多数敷き詰めることによって構成されます．そのような意味からセル方式とも呼ばれます．ネットワークは位置登録という機能を使って携帯電話がどこにいるか（どのセルに属しているか）を常に把握しています．また，移動することによってセルを跨いでも通信が継続できるようにハンドオーバ機能も有しています．例えば，複数の無線基地局からの受信電波の強度を比較することにより，より強度の大きい無線基地局に接続先を変更します．携帯電話と無線基地局間の通信に用いる無線周波数は，これまで 800/900MHz，1.5GHz，2GHz 帯を用いていましたが，4G ではより高速な通信を目指して 3.4GHz 帯を利用しています．LTE の最大通信速度は年々向上し 1.7Gbps に達しています（bps は bit per second の略で，bit/s あるいは b/s とも表記されます）．

携帯電話と同様に，無線 LAN が急速に普及しています．家庭，企業内に加えて公衆エリアにおいても利用でき，公衆エリアで無線 LAN を使ってインターネットに接続するサービスを公衆無線 LAN と呼びます．例えば，駅構内，電車・バス内，喫茶店において利用することができ，Wi-Fi スポットとも呼ばれています．親機（アクセスポイント）と子機（携帯電話，PC などの端末）間で使用する無線周波数は 2.4GHz と 5GHz です．無線 LAN で使われている通信規格は IEEE 802.11 シリーズです．例えば，IEEE 802.11ax（Wi-Fi 6 とも

補足→「TCP/IP」：transmission control protocol / internet protocol，「ハンドオーバ」：handover，「Wi-Fi」：wireless fidelity

呼びます）の規格ではその最大通信速度が 9.6Gbps に達しています．

最近では，**図 1・2** に示すように飛行機の中でインターネットに接続できるようになりました．これは利用者が飛行機の中で Wi-Fi を使い，飛行機は衛星を介して地上のネットワークと接続しています．

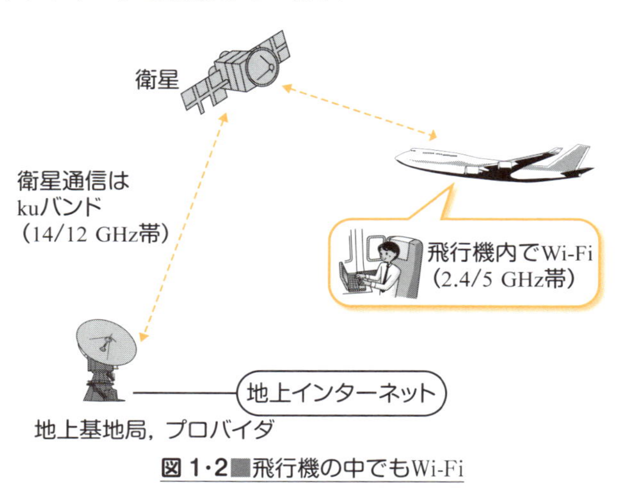

図 1・2 飛行機の中でもWi-Fi

4 これからの新しい動き

携帯電話では第 5 世代移動通信システム（5G）が登場しました．将来的にはその最大通信速度は 20Gbps に達すると言われています．さらには第 6 世代移動通信システム（6G）の研究開発も開始されました．ネットワークのしくみにおいても大きな変革の動きがあり，**ネットワーク仮想化**（NFV）もその一つです．これまでは特定のハードウェアに対してのみ動作していたソフトウェアを汎用のハードウェアで利用できるようにするもので，ネットワーク故障への迅速な対応や設備投資の効率化が期待されています．

また，**IoT** という新しい概念が登場しました．IoT は日本語で**モノのインターネット**と呼ばれています．これまでインターネットはコンピュータどうしのネットワークを意味していましたが，IoT ではコンピュータに加えてコンピュータ以外の「モノ」がインターネットを介した情報のやり取りを行います．「モノ」は，実際には「コンピュータや通信機能を内蔵したモノ」を意味しており，モノにはセンサ，RFID，自動販売機，プローブカーなどが該当します．また，IoT

補足⇒「IEEE」：The Institute of Electrical and Electronics Engineers, Inc.，「NFV」：network functions virtualization,「IoT」：internet of things,「RFID」：radio frequency identification.

が進化したIoEの概念も登場しています．日本語ではすべてのインターネットと呼び，モノ，人，データ，事象すべてがつながるという概念です．IoT/IoEに関連した概念としてM2M，D2D，MTCがあります．これらは人を介在しないで機器どうしが自律的に通信を行います．IoT/IoEでは，莫大な種類のデータを取り扱うことになりますから，結果としてより多くのアドレスを割り当てることができるIPv6，ネットワーク側に高度な処理機能を持たせるクラウドコンピューティング，大量のデータ分析から人やモノの挙動を推測するビッグデータとの関連性が強くなります．

モノのデータをネットワークに接続させる形態としてセンサネットワークが注目されています．特に無線通信を使うWSNの研究開発が活発です．各種センサを無線でネットワーク化することにより，収集した周辺環境のデータをリアルタイムに収集・分析できます．無線周波数は920MHz帯，2.4GHz帯の利用が検討されています．

さて，ネットワークという言葉はよく聞きますが，実際にそのネットワークを目にする機会はほとんどありません．ネットワークは一般的には通信事業者によって管理されていますが，そのネットワークの世界にも新しい動きが出てきています．サーバの仮想化はすでに実用化されていますが，ネットワークの世界でも仮想化が進んでいます．ネットワーク仮想化はネットワークの機器を仮想化することを意味しており，物理的なネットワーク機器を変更することなくネットワーク構成を変更あるいは高度化できるようにすることです．例えば，ネットワークノードの機能をルーチング（データ転送機能）と制御（制御ソフトウェア機能）とに論理的に分離することで，柔軟なネットワーク経路制御や新しい通信サービスを提供することができるようになります．ソフトウェアによってネットワークを制御する考え方はSDNと呼ばれ，その実現方法の代表例がオープンフローです．SDNを実現するオープンフロースイッチなどの製品化も進んでおり，今後の進展が注目されています．

まとめ

身近な情報通信ネットワークに，コンピュータネットワーク，インターネット，携帯電話，無線LANなどがあります．さらに今後はIoT/IoE，センサネットワーク，ネットワークの仮想化も注目されています．

補足⇒「IoE」：internet of everything，「M2M」：machine-to-machine，「D2D」：device-to-device，「MTC」：machine-type communications，「WSN」：wireless sensor network，「SDN」：software-defined network，「オープンフロー」：open flow

1-2 情報通信ネットワークのモデル化

キーポイント

通信を行うためには取決めが必要で，それを通信プロトコルと呼びます．例えば，コンピュータどうしで送受信するメッセージの形式や通信手順を規定します．このプロトコルは，日常使っている郵便システム，人と人との会話などのコミュニケーションにも存在します．

また，ネットワークを構築するためには，論理構造，機能分担，通信プロトコルを体系的に定める必要があります．さらに，システム全体のコスト，障害耐性を含む通信品質の観点から最適なネットワークトポロジーを選択する必要があります．

1-2 節，1-3 節では本書で扱う内容を俯瞰します．わからない用語があっても後に続く章で解説しますので，まずは読み進めて全体を掴みましょう．

1 伝送媒体

情報通信ネットワークを構成する物理的構成要素の一つとして伝送媒体があります．いわゆる信号の通信路であり，有線と無線に大別されます．有線の伝送媒体としては，銅線からなるツイストペアケーブル，同軸ケーブル，光ファイバケーブルがあります．ツイストペアケーブルは電話線やLANなどに用いられており，比較的軽量で安価です．LANケーブルは通信速度，伝送帯域，および雑音に対する特性からカテゴリー分けされています．**表1･2** に現在主流のLANケーブルのカテゴリーを示します．同軸ケーブルは比較的特性がよいですが太くて取り扱いにくいため，現在ではLANで使われることはほとんどなく，テレビのアンテナ接続，CATVで使われています．インターネットへの接続回線は，石英ガラスやプラスチックで作られる光ファイバケーブルが主流となってきました．当初は長距離の幹線系ネットワークに導入されましたが，現在では一般家庭のインターネット回線としても普及しています．

補足➡「CATV」：cable TV

表 1･2■LANケーブルのカテゴリー

規 格	CAT5（カテゴリー 5）	CAT5e（カテゴリー 5e）	CAT6（カテゴリー 6）	CAT6A（カテゴリー 6A）	CAT7（カテゴリー 7）
通信速度	100Mbps	1Gbps	1Gbps	10Gbps	10Gbps
伝送帯域	100MHz	100MHz	250MHz	500MHz	600MHz
特 徴	「100BASE-TX」に対応	ギガビットイーサネット規格「1000BASE-T」に対応	ギガビットイーサネット規格「1000BASE-T」に完全対応	次世代 10 ギガビットイーサネット「10GBASE-T」に対応	次世代 10 ギガビットイーサネット「10GBASE-T」に完全対応

光ファイバケーブルの最大の特徴は伝送損失がきわめて小さいことで，約 0.2 dB/km です．また，ツイストペアケーブル，同軸ケーブルと異なり落雷の影響を受けません．光ファイバは大きく分けて 2 種類あります．シングルモードファイバ（SM）とマルチモードファイバ（MM）です．一般的には，全国を結ぶ幹線系などの長距離通信にはシングルモードファイバ，ビル内などの短距離通信にはマルチモードファイバが使われます．**表 1･3** に 1980 年代と 2010 年代の光ファイバケーブルを示します．軽量・細径化が図られていることがわかります．

表 1･3■光ファイバケーブル

	1980 年代	2010 年代
ケーブル側面図		
心 数	1 000	2 000
外 径〔mm〕	40	23
質 量〔kg/m〕	1.4	0.4

（提供：NTT）

有線に対して無線を利用した通信があります．無線通信には，地上固定無線通信，衛星通信，前節の携帯電話，無線 LAN などがあります．有線と無線の比較は難しいですが，伝送損失の観点からみると全国を結ぶ幹線系などの長距離通信

補足➡「SM」：single mode fiber，「MM」：multi mode fiber

には有線，アクセス回線などの短距離通信には無線が有利です．無線LANの長所は，多数のPCを容易に接続可能，配線ケーブルが不要なので移動が簡単という点です．一方，通信状態が安定している（電波の不安定性がない），通信速度が速いなどは有線LANの長所です．無線LANはセキュリティ面において劣るといわれていましたが，強力な暗号方法により近年改善されています．

2 ネットワークの構成

ネットワークを構築するためには，論理構造（論理的モデル），機能分担，通信プロトコルを体系的に定める必要があり，それをネットワークアーキテクチャと呼びます．通信プロトコルは通信規約であり，例えば，あらかじめ一度に送信できるデータ量，あるいはデータの送信方法などを定めることです．ネットワークアーキテクチャは簡単にいうと，ネットワークを設計する方法です．このネットワークアーキテクチャを確立することで，ネットワークの拡張，新たな情報端末の追加，別のネットワークとの接続，新たなサービスの展開が可能となります．

ここで基本となる考え方は，ネットワークを通信機能（役割）ごとにグループ化して階層化することです．プロトコル階層をレイヤと呼び，複数の異なるレイヤを積み重ねた集合体をプロトコルスタックと呼びます．このプロトコルスタックによりネットワークアーキテクチャが定まります．標準的なネットワークアーキテクチャとしてOSI参照モデルがあり，七つの独立したプロトコル階層を提示しています．詳細は4章で取り上げます．

3 ネットワークトポロジー

トポロジーとは幾何学的な接続形態を意味します．すなわちネットワークトポロジーは，ノード（ネットワークを構成する要素）とリンク（ノードどうしを繋ぐ回線）の接続関係を抽象的に表現したものです．このネットワークトポロジーはWSNにも適用可能です．例えば一つのノードがコーディネータの役割を果たし，多数のセンサノードからのデータを収集することができます．どのトポロジーを選択するかはネットワークの種類に依存しますが，基本的にはシステム全体のコスト，障害耐性などから決めます．代表的なコンピュータネットワー

補足➡「プロトコル」：protocol，「ネットワークアーキテクチャ」：network architecture，「レイヤ」：layer，「プロトコルスタック」：protocol stack．

クまたはLANのトポロジーとそれぞれの特徴は3章で取り上げます．

4 通信プロトコル

本節2項において，通信プロトコルは通信規約であり，あらかじめ一度に送信できるデータ量，あるいはデータの送信方法などを定めることと説明しました．これは，**コンピュータどうしを単に物理的に有線LANケーブルを繋いだだけでは通信することができない**ということです．通信を行うための取決めが必要なのです．その取決めのことを通信プロトコルと呼びます．

したがって，ある伝送媒体上で，同じ通信プロトコルを用いている機器どうしでは通信することができますが，異なる通信プロトコルの機器どうしでは通信することができません．通信プロトコルにはさまざまな種類がありますが，例えばインターネットで使われている通信プロトコルにはTCP/IPが用いられています．詳細は4章で取り上げます．

まとめ

ネットワークを構築するためには，論理構造（論理的モデル），機能分担，通信を行うための取決め，すなわち通信プロトコルを体系的に定める必要があります．

補足⇒「OSI」：open systems interconnection,「トポロジー」：topology,
「コーディネータ」：coordinator，調整役

1-3 情報通信ネットワークの基本

キーポイント

ネットワーク内の交換方式には回線交換とパケット交換があります．回線交換とパケット交換はそれぞれコネクション型，コネクションレス型のプロトコルを用います．ネットワークを効率的に利用する手法として信号の多重化と多元接続があります．また，一つの回線を使って双方向通信を実現するためにFDD，TDDという技術が用いられています．

1 回線交換とパケット交換

前節3項「ネットワークトポロジー」で説明しましたが，ある一つのノードに接続されている電話（またはPC）から特定のノードに接続されている電話（またはPC）に情報を送るためには適切な回線（リンク）を選択・中継しなければなりません．この回線を選択・中継することを交換あるいは交換方式と呼びます．この交換方式を実現する装置のことを電話ネットワークにおいては交換機と呼びます．また，インターネットなどのコンピュータネットワークにおいてはルータあるいはスイッチと呼びます．

また，交換方式には回線交換とパケット交換の2種類があります．通常の電話は回線交換を用いており，ユーザは一つの回線を確保すると通信が終了するまでその回線を占有します．したがって，回線交換は待ち時間がない安定した通信品質を提供できます．一方，パケット交換はデータをパケットという単位に分割して通信する方式で，一つの回線を複数のユーザで共有して使用することができます．イーサネットやインターネットはパケット交換を用いています．パケット交換は一つの回線を複数のユーザで有効に活用できる反面，ユーザ数が多くなるに従ってデータの遅延時間が増加し通信品質が劣化する問題があります．詳しくは3章で取り上げます．

2 コネクション型とコネクションレス型

回線交換，パケット交換は，それぞれコネクション型，コネクションレス型プロトコルを用いています．

コネクション型は，通信を開始する前にコネクション（仮想的な通信路）

補足→「イーサネット」：Ethernet，「信号の多重化」：multiplexing，「FDM」：frequency division multiplexing

を確立する方法で，通信が終了するまでコネクションを継続するため信頼性の高い通信が可能です．通常の電話が典型的なコネクション型を用いたサービスです．

一方，コネクションレス型は通信を開始する前にコネクションを確立せず，宛先の情報を付加したパケットを順次送信する方法です．コネクション型に比べて信頼性はやや劣りますが，システム全体でみると効率のよい通信方式です．例えて言うと，電話に対して手紙がコネクションレス型によるサービスです．詳細は3章で取り上げます．

3 信号の多重化と多元接続

送信側において，伝送媒体である一つの回線に複数の異なる信号（情報）をまとめ同時に送信することを信号の多重化と呼びます．一方，受信側において，多重化された信号を分離してそれぞれを取り出すことを多重分離と呼びます．信号を多重化する場合，物理的な違いを利用して異なる信号を重ね合わせる必要があります．有線通信において，その物理的な違いは周波数，時間，光波長，符号です．それぞれについて以下のような多重化方式があります．

- 周波数分割多重（FDM）：異なる周波数を使って複数の信号を多重化する方法
- 時分割多重（TDM）：細かく分割した異なる時間を使って複数の信号を多重化する方法
- 波長分割多重（WDM）：光波長の異なる光送信機を使って複数の信号を多重化する方法
- 符号分割多重（CDM）：一つの回線の物理的な違いを利用せず，それぞれの信号に異なる符号処理を施すことによって複数の信号を多重化する方法

図1・3に周波数分割多重とその多重分離の例を示します．送信側では異なる情報A，B，Cを異なる周波数を使って一つの回線に多重化して伝送します．受信側では多重化された信号を分離し，それぞれの宛先に送ります．

無線通信においては，さらに空間分割多重（SDM）という方式があります．これはMIMO空間多重とも呼ばれています．これは複数のアンテナを使い，無線伝送路の違いを利用して複数の信号を多重化する方法です．

多重化通信を基本として，一つの回線を複数のユーザで共有し，多重化されたチャネルの中からそれぞれのユーザが独立に自分宛のチャネルに接続できること

補足⇒「TDM」：time division multiplexing，「WDM」：wavelength division multiplexing，「CDM」：code division multiplexing，「SDM」：space division multiplexing

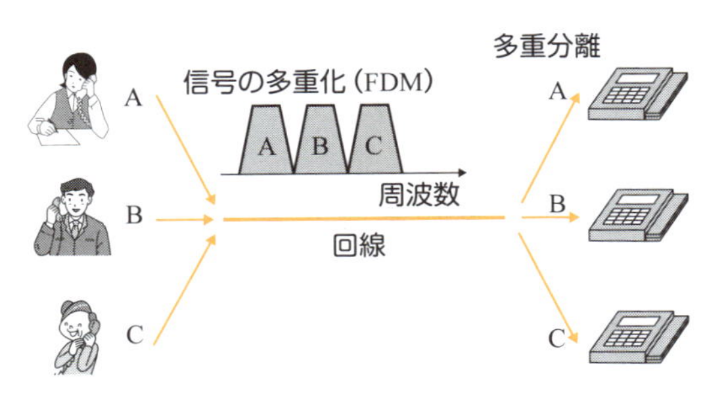

図 1·3■信号の多重化

を多元接続（MA）と呼びます．例えば，携帯電話のLTEでは，多重化方式としてFDMの発展である**OFDM**を用いています．このOFDM信号を複数のユーザで共有し，それぞれのユーザが自分宛のチャネルに接続することを**OFDMA**と呼びます．詳細は2章で取り上げます．

4 双方向通信

通信には単方向通信と双方向通信があります．AとBが通信している場合，単方向通信は信号（情報）がAからB，あるいはBからAの片方のみに流れる通信方式です．双方向通信は，AからB，そしてBからAにも信号が流れる方式です．これは**複信方式**とも呼ばれます．特に，AからBとBからAに同時に信号が流れる方式を**全二重方式**と呼びます．有線通信の場合，全二重方式の通信は二つの回線を使えば簡単に実現できます．あるいは一つの回線に対しても，前述した多重化技術を送信と受信に応用すれば実現できます．例えば，AとBが異なる光波長を使ってそれぞれの信号を送信します．無線通信では**周波数分割複信（FDD）**と**時分割複信（TDD）**の二つの方式があります．FDDは周波数を分割して送信と受信を行います．TDDは同じ周波数を用いて，細かく分割した時間を切り替えることによって送信と受信を行います．LTEにおいてはFDDとTDDの2種類が標準化において規定されています．移動通信においても有線通信と同様に全二重方式の実現に向けた研究が加速しています．

まとめ

交換方式には回線交換とパケット交換の2種類があります．また，それぞれコネクション型，コネクションレス型プロトコルを用いています

補足→「MIMO」：multiple-input multiple-output,「MA」：multiple access,「OFDM」：orthogonal frequency division multiplexing,「OFDMA」：orthogonal frequency division multiple access

練習問題

① IoT，IoE が注目されています．具体的にどのような「モノ」がネットワークに接続されるのか．また，それによって我々の生活がどのように豊かになるのか述べなさい．

易☆☆☆難

② 光ファイバケーブルを使用した有線通信と，無線 LAN・携帯電話などの無線通信のそれぞれの特徴を述べなさい．

易☆☆☆難

③ 複信方式における FDD と TDD のそれぞれの特徴について述べなさい．

易☆☆☆難

補足➡「双方向通信」「複信方式」：duplex，「全二重方式」：full duplex，「FDD」：frequency division duplex，「TDD」：time division duplex

Memo

Date ・ ・

2章

ディジタル通信を支える技術

情報通信ネットワークでは，情報をディジタル化して伝送を行うこと，すなわちディジタル通信によってユーザ間での情報のやりとりが可能となります．

ディジタル通信を考えるうえで，アナログ信号とディジタル信号ならびにその伝送方式の基本を学ぶことが重要です．

そこで本章では，現代の情報通信ネットワークを構成するディジタル通信の要素技術について解説します．2-1節ではアナログ情報とディジタル情報の例を挙げ，2-2節でそれらの伝送方式について説明します．2-3節では音声と画像の符号化，2-4節で通信路において発生する誤りに対する誤り制御技術を取り上げます．さらに2-5節で各種のディジタル変調技術とその復調に必要な同期技術について解説します．

2-1 信号とは：アナログとディジタル

キーポイント

情報はさまざまな信号の形で表されます．例えば，身のまわりにある音や画像・映像は，もともとは連続的に変化するアナログ情報です．これに対して，文字や記号，数値などのデータはディジタル情報の形で生成され使用されています．

情報通信ネットワークで情報を運ぶ場合，アナログ情報をディジタル信号にして送る，すなわちディジタル通信が広く用いられています．ディジタル化にはさまざまなメリットがあるからです．本節ではディジタル通信を理解するためのアナログ信号とディジタル信号の表し方をみていきましょう．

1 アナログ信号

（1）正弦波信号

私たちは普段声を発したり，目で世界を見ています．この音声や光といったアナログ情報は**時間とともに連続して変化する信号**（アナログ信号）として表されます．そして，この変化の速度に対応する周波数成分をもっています．最も単純なアナログ信号の波形が正弦波信号です．正弦波信号は一定の周期，周波数で**図 2·1**（a）のように変化する信号で，次式のように表すことができます．

$$S(t)=A\sin(2\pi ft+\theta) \qquad (2\cdot1)$$

ここで，$S(t)$ は時間 t とともに変化する正弦波信号です．A は正弦波信号の最大値で振幅，f は1秒間の周期の数で周波数と呼びます．また，ある基準に対する信号の時間的なずれを θ で表し，位相あるいは位相差といいます．式（2·1）では正弦波を sin 関数で表しましたが，同様に cos 関数を用いても信号の時間基準，すなわち位相が変わるだけで同じ波形を表すことができます．この信号の時間波形の関数をフーリエ変換することで周波数波形，すなわちスペクトルが得られます．正弦波信号の周波数波形は一つの周波数からなる線スペクトルとなります．

次にアナログ信号の代表例である音声と画像の信号を考えてみましょう．

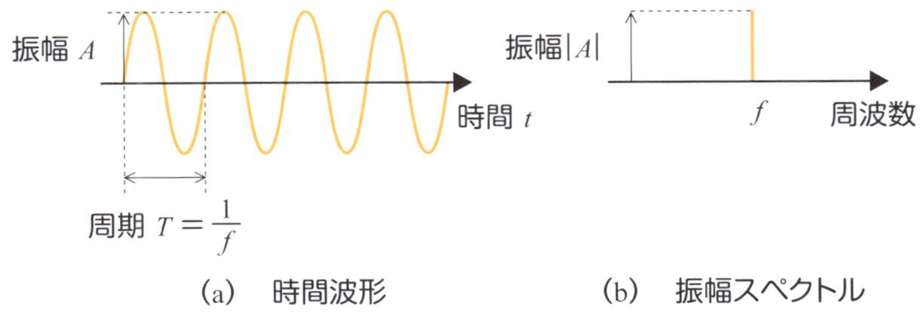

(a)　時間波形　　(b)　振幅スペクトル

図 2・1■正弦波信号 $S(t)=A\sin(2\pi ft+\theta)$

（2）音声のアナログ信号

音声信号は代表的なアナログ信号の一つです．人間の耳は 20Hz ～ 20kHz の周波数の音を感知できるといわれていますが，人間の音声は 4kHz 程度の周波数帯域で伝えることができれば十分に意味を聞き分けることができます．音楽の場合は 10kHz あるいはそれ以上の周波数帯域が必要といわれています．**図 2・2** は音声信号の時間波形と周波数波形（スペクトル）の一例です．

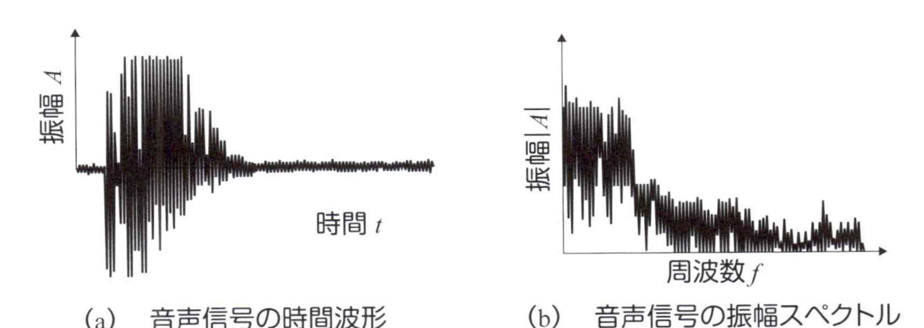

(a)　音声信号の時間波形　　(b)　音声信号の振幅スペクトル

図 2・2■アナログ音声信号

（3）画像のアナログ信号

静止画は二次元の平面の縦横に並ぶ明るさや色の情報が連続的に変化するアナログ信号です．通常，横方向左から右に信号を走査し，これを縦方向上から下へ繰り返すことで二次元平面すなわちフレームの情報を信号化します．さらに，動画の場合は，これらのフレーム信号を 1 秒間に数十回連続して表示することで人間の目に動く画像として認識されるのです．

2 ディジタル信号

（1）矩形パルス

音声や画像などの連続して変化するアナログ情報を，1と0からなる符号にディジタル化したものをディジタル信号と呼びます．また，文字や記号，数値などは1と0からなる符号列に置き換えて表現することができるので，もともとディジタル信号であるといえます．

ディジタル信号は一般に矩形波，方形波の波形をもつパルスで表されます．例えば，パルスがあるときを1，パルスがないときを0といった表し方です．**図2･3**のようなパルスの周波数波形は，図（a）の時間波形をフーリエ変換することで図（b）のような $\sin x/x$ の関数で表されるスペクトルとなります．

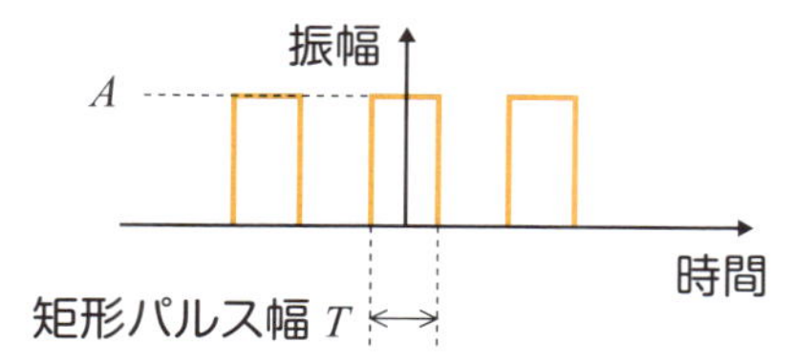

（a） 矩形パルス信号の時間波形

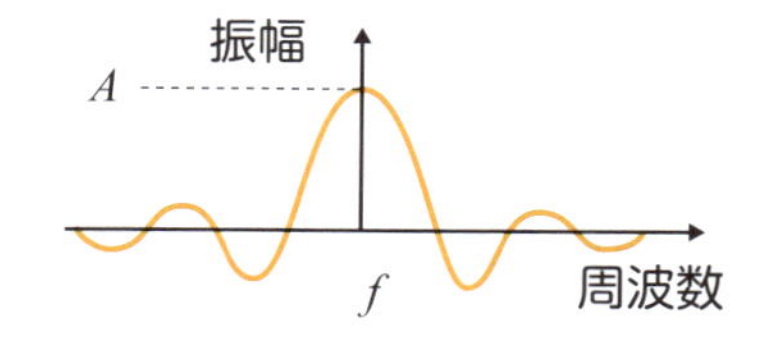

（b） 矩形パルス信号の振幅スペクトル

図2･3■矩形パルス信号

また，周波数軸上で矩形波形をもつ関数は，そのフーリエ逆変換で時間波形を求めると，やはり同様に $\sin x/x$ の関数で表される時間波形となります．

（2）標本化定理

アナログ信号をパルスで表すために，一定の周波数，つまり一定の周期でアナログ情報をサンプリングしてパルスに変換します．これを**標本化**と呼びます．このとき，ある周波数成分 f_m を有するアナログ信号を $1/2f_m$ 以下の周期，つまり $2f_m$ 以上の標本化周波数 f_s で標本化することで元のアナログ信号を完全に復元することができるという**標本化定理**（**サンプリング定理**ともいう）を考慮しないと，ディジタル信号化した後，アナログ信号に戻すことができなくなってしまいます．標本化定理は**図2･4**のように説明できます．

補足➡「標本化周波数」：ナイキスト周波数ともいう．

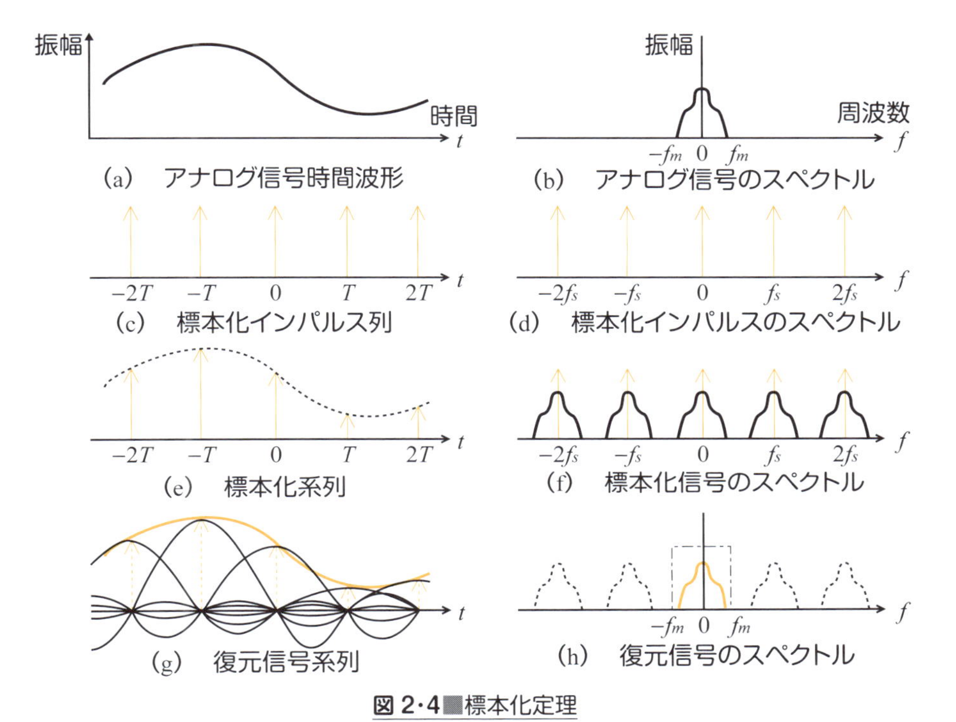

図 2·4■標本化定理

図 2·4 (a) のような時間波形のアナログ信号の標本化を考えましょう．この信号は図 (b) のようなスペクトルをもち，最も大きな周波数成分が f_m，すなわち信号成分は f_m 以下であるとします．この信号波形を**基底帯域波形**または**ベースバンド波形**と呼びます．これを図 (c) に示す時間間隔 T のインパルス列 ($1/T = f_s \geqq 2f_m$) のタイミングで標本化します．このインパルス列の周波数波形は図 (d) となります．標本化された信号，標本化系列は図 (e) のような時間間隔 T ($= 1/f_s$) ごとに元のアナログ信号の値をもつ系列で，その周波数波形は図 (f) のような周波数軸上に f_s の間隔で存在するスペクトルの集合 ($f = 0$ のベースバンド波形と，その他の $\pm f_s$，$\pm 2f_s$，……にある高調波の集合) となっています．ここで，$f_s \geqq 2f_m$ の条件が満たされないとベースバンド波形と高調波が重なってしまい正確な標本化ができません．

この標本化系列から元のアナログ信号を復元するには，図 (f) の標本化信号を最大周波数 f_m の理想的な矩形波形で図 (h) の一点鎖線の周波数特性をもつ低域通過フィルタを用いて高調波成分の除去を行います．この処理により，図（c）のインパルス列は，それぞれ sin x/x の関数の波形となり，それらの和をとると図（g）のような元のアナログ信号として復元可能なのです．

なぜアナログ信号に戻す必要が？ と思った読者もいるかもしれません．ディジタル信号の利点を考えるとともに，ディジタル信号ではできないことも考えてみましょう．

（3）パルス変調方式

アナログ情報を標本化しパルスで表す方法を**パルス変調**と呼び，**図 2･5** に示すようないくつかの方法があります．

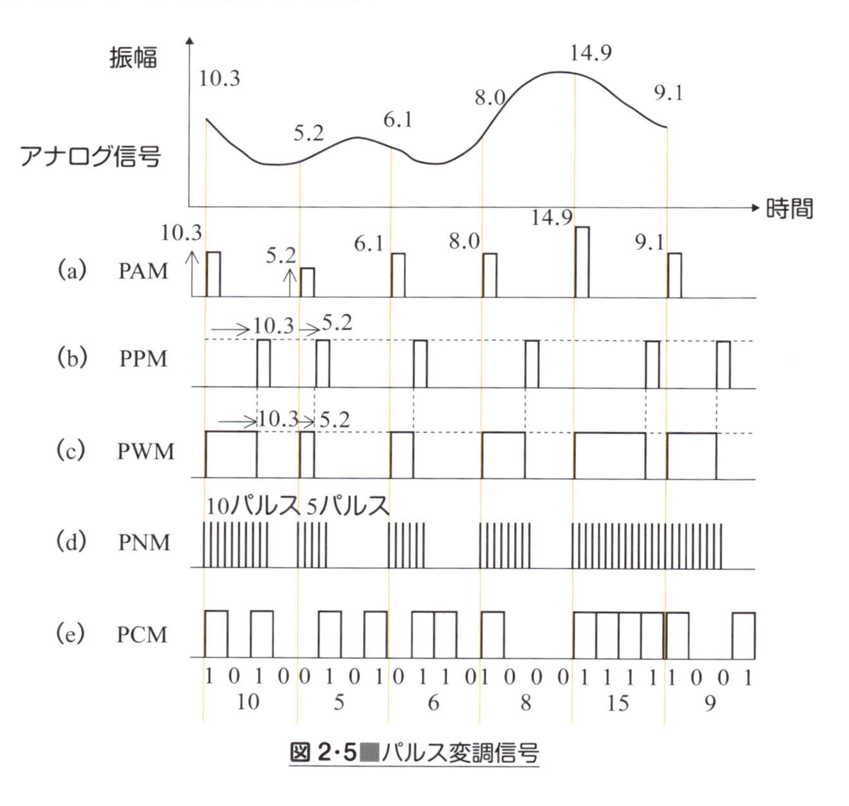

図 2･5■パルス変調信号

補足⇒「低域通過フィルタ」：LPF，low pass filter，「パルス振幅変調」：PAM，pulse amplitude modulation，「パルス位置変調」：PPM，pulse position modulation

図（a）はパルス振幅変調（PAM）で，アナログ信号の情報がパルスの振幅で表されます．図（b）はパルス位置変調（PPM），図（c）はパルス幅変調（PWM）でそれぞれパルスの時間軸上の位置とパルス幅で情報を表します．以上はアナログの情報量をそのまま表すのでアナログ信号に分類されます．

これらを連続的なアナログ情報から離散的なディジタル情報に変換する（量子化といいます）のが，図（d）のパルス数変調（PNM）や図（e）のパルス符号変調（PCM）です．パルス数変調ではパルスの数で，パルス符号変調はパルスの組合せ（この例では0000から1111まで16通りの種類）で符号を作って情報量を表しています．これらはディジタル信号です．特にパルス符号変調はPCM方式と呼ばれ，ディジタル信号の最も基本的な方式といえます．

（4）ディジタル化のメリット

本節の終わりに，ここまでみてきたディジタル化のメリットについて考えましょう．アナログ信号は，その振幅や位相，周波数などの連続的な値に情報があるため，信号伝送に必要な周波数帯域が比較的狭い反面，雑音の影響や信号のひずみによって品質が大きく劣化してしまいます．一方，ディジタル信号では1か0かで情報を表すため，通信回線や通信装置の回路で生じる雑音やひずみの影響を受けにくく，さらに2-4節で述べる誤り制御によって1や0のパルスを誤判定してしまう「誤り」の影響を軽減することが可能です．

また，信号を中継して送信する場合，アナログ信号では中継点で雑音やひずみを含んだまま増幅して再送信することになりますが，ディジタル信号では一度情報を再生あるいは誤りを訂正して信号のみを精度よく再送信することが可能となります．さらに，ディジタル信号では，パルス信号の集まりを時間的に区切って送ることが可能となり，パケットというパルスの集合での伝送やこれらの信号を多重化して一つの通信回線で複数チャネルの信号や異なる種類の信号を同時に送ることに適しています．

そのほか，ディジタル化には，蓄積が容易，さまざまな形式に変換して利用することが可能，信号処理が容易，暗号化などセキュリティの向上，LSI化による高速化・大容量化・小型化・低消費電力化・低コスト化といったメリットがあります．

ディジタル信号についてより詳しく知りたい場合は信号処理の教科書などを参照してください．

補足→「パルス幅変調」：PWM, pulse width modulation,「パルス数変調」：PNM, pulse number modulation,「パルス符号変調」：PCM, pulse code modulation

まとめ

音声や映像などのアナログ情報もディジタル化して伝送されます．

ディジタル化は，連続したアナログ信号をサンプリング（標本化）し，量子化された数値で表すことで離散的な信号に変換することを意味します．

そのアナログ信号のもつ最大の周波数成分の２倍以上のサンプリング周波数で標本化することにより，元の連続波形を再現することができます．これを標本化定理といいます．

標本化されたアナログ信号は種々のパルス変調方式によって表すことができます．特に標本化された値を量子化し符号で表す方法をPCM（パルス符号変調）といいます．

例題 1

アナログ信号の最大周波数成分がf_m〔Hz〕のとき，その２倍以上の周波数で標本化することによりそのアナログ信号を正確に再現することができる，この定理を何というでしょうか．

標本化定理，あるいはサンプリング定理といいます．

例題 2

アナログ信号を標本化してパルス変調で表す方法のうち，パルスの振幅でその値を表す方法を何というでしょうか．また，同じく標本化した値を量子化しその値を符号に変換して表す方法を何というでしょうか．

解答　標本化したアナログ信号の値を振幅で表すパルス変調方式をPAMあるいはパルス振幅変調といいます．また，その値を量子化し２進数などの符号で表すパルス変調方式をPCMあるいはパルス符号変調といいます．

2-2 アナログ伝送とディジタル伝送

キーポイント

信号を通信の相手に伝えることを信号伝送といいます．信号の種類にアナログ信号とディジタル信号があるように，伝送方式も大きくアナログ伝送とディジタル伝送に分けることができます．

アナログ伝送はアナログ信号をそのままの連続的に変化する形で伝送するもので，初期の電話やテレビ，AM や FM のラジオ放送などがこれにあたります．

ディジタル伝送は 1，0 のディジタル信号の形で情報を伝送するもので，現在のほとんどの情報通信ネットワークがこのディジタル伝送を用いています．

地上アナログ放送は 2011 年（一部地域は 2012 年）に停波しましたね．

1 アナログ伝送

アナログ伝送は時間的に連続して変化する信号をそのままの形で伝える伝送方式です．その情報のもつ周波数成分を基底帯域あるいはベースバンドといい，この情報そのものを表す信号を**ベースバンド信号**といいます．伝送方式には，ベースバンド信号をそのまま電気信号として送信する**ベースバンド伝送**と，**搬送波**（キャリア）と呼ばれる高周波の正弦波信号にベースバンドの情報を乗せて送信する**搬送波伝送**（**キャリア伝送**ともいう）があります．

ベースバンド伝送は，装置は簡易ですが，情報の信号波形そのものの信号電力だけなので信号が減衰しやすく，長距離の通信には適しません．アナログ電話の加入者線のような有線ケーブルによる比較的短距離の音声信号伝送が一例です．

一方，搬送波伝送は，送信側では搬送波に情報を乗せる**変調**，受信側では搬送波に乗っている情報を取り出す**復調**の機能や周波数変換などの機能が必要となりますが，電波や光といった連続する正弦波からなる搬送波に大きな電力をもたせることができるため長距離の通信を実現できます．

例えば，ラジオやテレビの放送を受信する場合，チャンネルを合わせる（これを**同調**するといいます）ことにより，情報を取り出します．これらの伝送方式は異なる周波数の電波を搬送波とする搬送波伝送になっています．

補足⇒「搬送波」：キャリア，carrier

2 ディジタル伝送

(1) ディジタル信号のベースバンド伝送

有線ケーブルなどでディジタル信号をパルス波形で伝送する場合にはベースバンド伝送が用いられ，その通信路の条件に応じてさまざまなパルス符号の構成が考えられています．いくつかの例を**図 2･6** に示します．

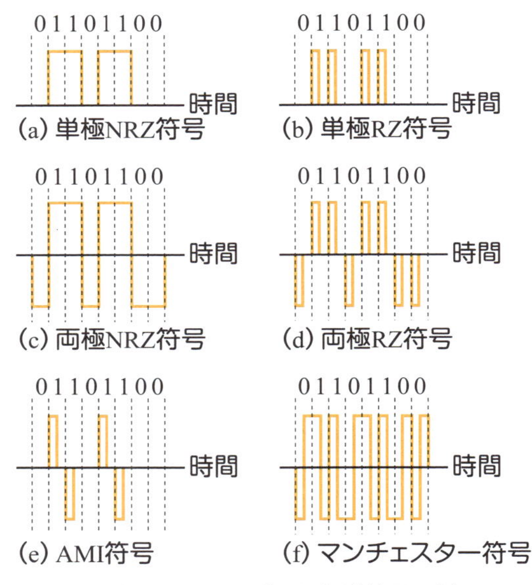

図 2･6■ベースバンド伝送符号の例

まず，パルスの有無を電位 1 と 0 のみで表す符号を**単極符号**または**ユニポーラ符号**，電位 1 と − 1 の正負で表す符号を**両極符号**または**バイポーラ符号**といいます．また，パルス間隔とパルス幅が等しい符号を **NRZ 符号**，パルス間隔に対してパルス幅が短くパルスありの場合でも電位 0 に戻る符号を **RZ 符号**といいます．さらに，有線の通信路では線路装置間がコンデンサによる交流結合する場合があり，直流成分を伝えることができません．つまり，伝送信号が正の値に偏り，平均化すると正の直流成分をもつような場合，パルスの判定が難しくなります．これを解決するために正のパルスと負のパルスを交互に使用して直流成分を抑えるバイポーラ符号とも呼ばれる **AMI 符号**やその変形符号の

補足⇒「NRZ」: non return to zero,「RZ」: return to zero,「AMI」: alternate mark inversion,「LAN」: Local Area Network,「ISDN」: サービス統合ディジタル網ともいう．

一種で1を正負，0を負正のパルスで表すマンチェスター符号があります．

AMI符号は音声の電話やデータ通信のためISDN方式のディジタル加入者線で用いられた符号，マンチェスター符号はLANのイーサネットで用いられている符号です．

（2）ディジタル信号の搬送波伝送

ディジタル信号を周波数の比較的高い搬送波（電波や光がこれに相当します）に乗せて伝送するのがディジタル信号の搬送波伝送です．送信側ではディジタル変調を用いて搬送波を変調し，受信側ではディジタル変調信号を復調してディジタル信号を取り出します．

ディジタル伝送を情報の生成・変換と伝送の観点からモデル化すると**図2・7**（a）のようになります．また実際のディジタル伝送システムを構成する装置（回路や機器などの組合せ）を考えると図（b）のようにモデル化することができます．

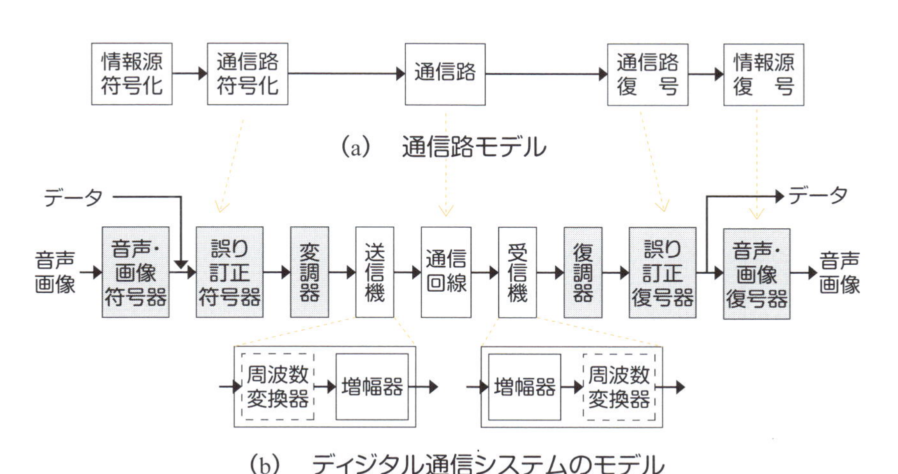

図2・7■通信モデルとディジタル通信システムの装置構成モデル

ディジタル伝送システムは情報をディジタル化して運ぶ通信システムです．まず，音声や画像などのアナログ情報は，情報源符号化によってディジタル信号に変換されます．実際のシステムにおける装置や回路としては，音声・画像符号器と呼ばれる装置で変換処理が行われます．もともとディジタルであるデータ情報の場合，これらの処理は不要です．ディジタル化された情報は，通信路

補足➡「符号器」：coder，「復号器」：decoder，CODECともいう．

すなわち通信回線で発生する誤りを低減するための通信路符号化が施されます．この情報を長距離かつ品質よく伝送するため，搬送波に乗せるのがディジタル変調です．変調された搬送波は変調器出力の周波数を最終的な伝送に用いられる周波数に変換したり増幅したりして通信回線を経て送信されます．受信側では送り側の処理に対応する形で情報を復調・再生する処理が行われます．この変調方式や受信側で情報を取り出す復調については，2-5 節以降で詳しく説明します．

それでは次節からそれぞれの機能についてみていきましょう．

通信を物流になぞらえて考えると，荷物を箱詰めして緩衝材や冷却剤で保護してパッケージ化するのが情報源符号化や通信路符号化に相当し，トラックに相当するのが搬送波で，荷物をトラックに乗せることが変調というわけですね．

まとめ

情報の伝送方式にはその情報の種類によってアナログ伝送とディジタル伝送があります．

また，情報をそのままのベースバンド信号の形で伝送するベースバンド伝送方式と情報を電波や光など高い周波数の搬送波に乗せて伝送する搬送波伝送があります．

ディジタル信号伝送は，アナログ情報のディジタル化である情報源符号化，誤り制御など通信路の劣化に対応するための通信路符号化，ディジタル変復調などの機能で構成されます．

例題 3

ベースバンド伝送と搬送波伝送の違いを述べなさい．

解答　ベースバンド伝送ではアナログ伝送，ディジタル伝送ともにベースバンド信号をそのまま伝送するのに対し，搬送波伝送では送信側で変調，受信側で復調の処理行うことで搬送波に情報を乗せて伝送を行います．

その結果，搬送波伝送では，信号が一定の電力で連続して送信できる搬送波の形となるため長距離にわたる伝送が可能となる特長があります．

2-3 情報の符号化

キーポイント

音声や画像のような私たちの身のまわりの情報の多くは，時間とともに連続的に変化するアナログ情報です．これらの情報を高品質で高効率な伝送をしやすいディジタル信号に変換するのが情報の符号化です．

音声の符号化ではアナログ情報の波形をいかに標本化，量子化するか，情報源である音源の特徴をとらえてどのように効率化するかが重要となります．

画像の符号化では静止画像と動画像それぞれについて，画面を構成する最小単位である画素の明るさや色をどのように扱うか，膨大な情報量となる画像情報をどのように圧縮して効率化するかが重要な課題です．

1 音声符号化

(1) 波形符号化

2-1 節で述べたようにアナログ情報を標本化し，さらに量子化によってディジタル値を表す 1 か 0 かのパルス信号系列に置き換えたのがディジタル信号です．これらのディジタル信号の中で効率や信頼度が高く代表的なものが PCM です．**図 2･8** にアナログ情報を f_s〔Hz〕の標本化周波数で標本化し，n ビットで量子化（この例では 8 ビット量子化）する PCM の場合を示します．n ビットで量子化の場合，信号振幅の最大から最小までを 2^n 種類の符号で表し，各符号の表す振幅値の幅を**量子化ステップ幅**といいます．

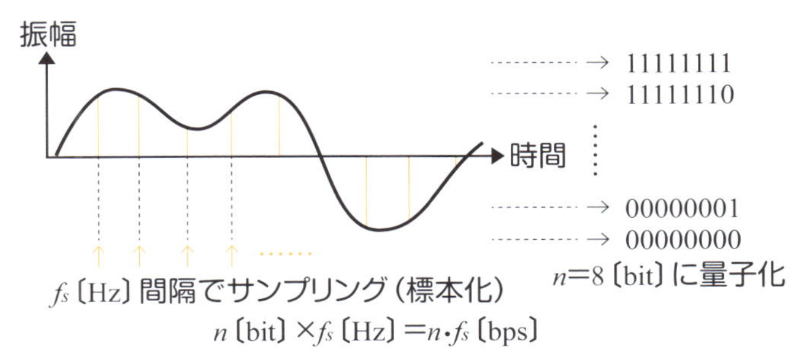

図 2･8■PCMにおける標本化と量子化

音声信号のディジタル化で最も基本となるのも **PCM 符号化**です．電話の音声信号は，最大 4 kHz までの情報を伝えることができれば十分な了解度（受信信号の品質の度合い）が得られるとされています．そこで，PCM 音声符号化では標本化周波数を対象となる音声信号帯域幅の 2 倍となる 8 kHz，量子化ビット数を 8 ビットとして，8 × 8 000 = 64kbps の符号速度とすることにより十分高い品質を実現しています．このように，元のアナログ信号の波形に忠実にディジタル化を施す符号化を波形符号化といいます．

しかし，高品質のためとはいっても，通信コストを抑えるためには，なるべく少ないビット数（すなわち低い伝送速度）で伝送可能な符号が望まれます．そこで，PCM 符号化をより効率化するため，以下のような符号化が開発されています．

① log-PCM

音声波形の大きさ（振幅）によって聴覚の感度に差があることを利用し，大きい音は粗く，小さい音は細かく量子化します．その重みづけ規則は対数関数となり，日米を中心に用いられている μ-Law，欧州を中心に用いられている A-Law の仕様があり，14 ビット相当の量子化ビット数を 8 ビットに圧縮しながら高品質が得られます．

② DPCM

音声信号の連続するサンプル間の変化はそれほど大きくないことから，現在の標本化信号の値と 1 サンプル前の標本化信号の値の差分を量子化することで少ないビット数で PCM に近い品質の実現が可能となります．

③ ADPCM

音声信号の変化速度の範囲内で次の標本化信号の値を予測し，その予測値と現在の送信情報の差分を量子化します．また，量子化ステップ幅を信号振幅に応じて適応的に変化させます．これにより，符号速度を 40kbps から 16kbps と低減することができ，32kbps の ADPCM では 64kbps の PCM に匹敵する高品質な符号化が可能となります．

図 2･9 に DPCM や ADPCM に用いられる差分符号化の考え方を示します．連続する標本化信号の変化はそれほど大きくないので，少ないビット数で量子化しても十分な精度が得られるのです．

（2）音源符号化

人間の音声は声帯によって発生されるため，その構造から信号波形は一定のパターンに制限されると考えられます．そこで，あらかじめ調べた声帯のモデル・パラメータの中から最も近いと予測されるパラメータの組合せからなるパルス列を伝送し，受信側ではこれらのパラメータに基づいて元の音声を合成するのがボ

補足⇒「log-PCM」：logarithm PCM,「DPCM」：differential PCM,「ADPCM」：adaptive differential PCM

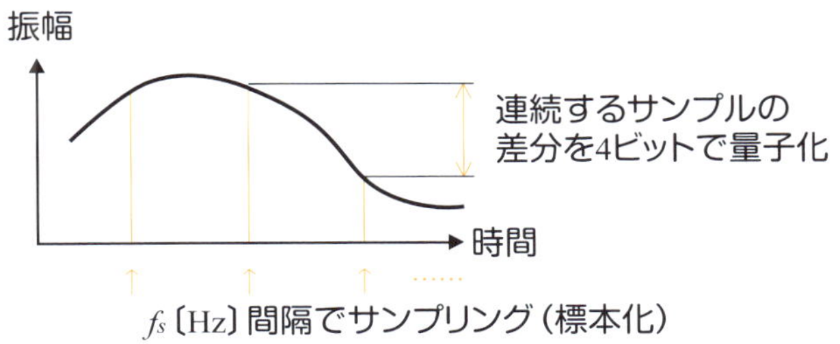

図 2·9 DPCMやADPCMにおける差分量子化

コーダと呼ばれる音声符号化方式です．音源の特徴を表すパラメータを利用することから音源符号化や分析合成符号化と呼ばれる方式の一種です． 2.4 ～ 8kbps と非常に低い伝送速度で音声を伝えることができますが，高品質は望めません．

(3) ハイブリッド符号化

音源符号化と波形符号化を組み合わせて両者の特長を生かすのがハイブリッド符号化です．声帯と声道の特性を表すモデルによりパラメータ化を行い，これらのパラメータを符号帳（コードブック）と呼ばれるデータの中から誤差が最も小さい系列を探索し，このパラメータ分析で表現しきれなかった残差信号を波形符号化で補います．音声信号の線形予測や聴覚補正と組み合わせた CELP が代表的な手法で，その改良方式が数多く提案され実用されています．

例えば，通信回線の通信速度に応じて音声の符号速度を適応的に切り換える AMR やその広帯域バージョンで 7kHz 対応の AMR-WB，従来の電話が想定している回線交換型の通信回線ではなくインターネットのようなパケット交換型の回線での音声伝送 VoIP を想定した音声符号化が実用されています．

一方，音楽などを扱う音響符号化（楽音符号化ともいう）ではより広帯域，高品質が要求されます．例えば音楽 CD では，信号帯域 22kHz の 2 倍の標本化周波数で 16bit の量子化を行い，ステレオで 2ch を符号化するため，合計 1.4Mbps 以上の符号速度となります．これを効率化する符号化方式として，MD（ミニディスク）で採用された ATRAC や MP3，MPEG-2 AAC など高効率で高品質な音響・音楽用符号化が実用されています．

補足➡「ボコーダ」（vocoder），「CELP」：code excited linear prediction coder，「AMR」：adaptive multi rate，「AMR-WB」：AMR-wide band，「VoIP」：voice over IP

2 画像符号化

（1）静止画像符号化

従来，静止画像の伝送にはアナログのファクシミリ，いわゆるFAXという白黒の画像伝送技術が使われ，G3ファクシミリに至ってディジタル化され，さらにはカラー化されてきました．現在ではインターネットFAXという形で最新の静止画像符号化を用いて利用されています．

白黒画像の場合，画素あるいはピクセルと呼ばれる画像の最小単位（縦×横のサイズが微小な標本値）は明るさ（輝度）の情報で表されます．カラー画像は，一般に光の三原色である赤・緑・青（R・G・B）がそれぞれ8ビット（0～255の色調）で表現され，合計で256×256×256の約1678万色を表現することができます．また，上記のRGB形式のほかに輝度信号Yと色差信号（色の強さや種類を表す信号で人間の目の感度を利用する）U，Vでカラー画像を表現するYUV形式も広く用いられています．

静止画像符号化の代表的なものには，GIF，PNG，JPEGなどがあります．これらは，1枚のフレームの中を見ると，隣り合った画素はよく似た標本値をとることが多い（フレーム内相関が高い）という特徴に着目し，それらをまとめて符号化することで少ない情報量で元の画像を表現する方法です．

（2）動画像符号化

動画像は音声に比べて膨大な情報量を必要とします．例えば，1枚のフレームを縦方向480ライン，横方向720画素で合計480×720画素，1画素当たり輝度信号8ビット，色差信号8ビットの合計16ビットで表し，1秒間に30フレームの動画像の符号化を行うと，16×480×720×30≒166Mbpsの符号化速度となり，8ビット＝1byteのバイトで表すと約20Mbyte/sとなります．

動画像の符号化においても，上述のフレーム内相関を利用した圧縮に加えて，時間的に連続する画面の変化も比較的少ない（フレーム間相関が高い）という特徴を利用してフレーム間の差分を符号化する手法が有効です．また，フレームの中には静止している対象（例えば背景の画像）と動いている対象（例えば人間や移動する物体の画像など）があり，動く対象に対して「動き補償フレーム間予測」と呼ばれる処理によってさらなる効率化を実現することが可能となります．

動画像符号化の代表的なものには，DVDや国内のディジタル放送に用いられHDTV伝送で16.8MbpsとなるMPEG-2（H.262）方式，インターネットや携帯

補足⇒「ATRAC」：adaptive transform acoustic coding,「MP3」：MPEG-1 layer Ⅲ,「MPEG-2 AAC」：MPEG-2 advance audio coding,「GIF」：graphic interchange format（ジフ）

電話におけるマルチメディア伝送用で10kbps～40MbpsとなるMPEG-4，Blu-rayディスクや地上波ディジタル放送のワンセグ放送に適用され10kbps～240Mbpsの伝送速度となるMPEG-4 Part10 AVC（H.264）方式などがあります.

まとめ

アナログ情報を高品質で高効率な伝送をしやすいディジタル信号に変換するのが情報の符号化です.

音声の符号化には，アナログ情報の波形に忠実に標本化，量子化を行うことを基本とする波形符号化，情報源の特徴をとらえて効率化する音源符号化，それらの特長を組み合わせるハイブリッド符号化などさまざまな方式があります.

画像符号化は1枚の画面を表すフレーム内の近接する画素の相関を利用して効率化するフレーム内相関，動画の場合にはさらに時間的に連続するフレームの相関を利用するフレーム間相関などにより高効率化を図っています.

例題4

ADPCM音声符号化方式において，8kHzの標本化周波数で送信情報と予測値との差分を4ビットあるいは3ビットで量子化する場合の送信符号化速度〔bps〕を求めなさい.

解答

標本化周波数8 kHzにおいて差分値を4ビットで量子化する場合は

$$8\text{kHz} \times 4\text{ビット} = 32\text{kbps}$$

差分値を3ビットで量子化する場合は

$$8\text{kHz} \times 3\text{bit} = 24\ \text{kbps}$$

の符号化速度となります.

補足⇒「PNG」：portable network graphics（ピング，ピン），「JPEG」：joint photographic experts group（ジェイペグ）

2-4 誤り制御

キーポイント

情報をディジタル信号に変換して伝送する場合，通信路で発生する信号の変動や干渉，雑音の影響で信号の誤りが発生します．この符号誤りがディジタル伝送の品質を劣化させることになります．

この符号誤りの問題を解決し，品質劣化を軽減する方法として誤り制御技術があります．

誤り制御には大別して，送信側で符号化を行い受信側ではその符号を用いて誤りの訂正を行う誤り訂正符号と，送信側で誤り検出用の符号を付加して送信し受信側で誤りを検出した場合に信号の再送を要求する自動再送制御があります．

1 誤り訂正符号と自動再送制御

通信路で発生する誤りを受信側で訂正する**誤り訂正符号**，いわゆる **FEC** や，誤りが検出されたデータを再送信する**自動再送制御 ARQ** により，高品質な伝送を実現するのが**誤り制御方式**です．これらの機能が通信モデルにおける通信路符号化に相当します．

誤り訂正符号 FEC は，受信側で誤りを検出すると同時に誤りの訂正も行うことができる符号です．フィードバック回線が不要なため，少ない遅延でリアルタイム伝送が可能となり，音声や画像などの伝送に利用されています．また，放送・同報のような単一方向の通信回線に用いることができます．しかし，一般に誤り訂正能力を高くするほど処理に必要な付加情報が増え（冗長度が大きいといいます），伝送効率（符号化率＝伝送可能な情報ビット数 / 符号ビット数）が低下してします．

一方，装置や処理の簡易さを重視し，伝送遅延，遅延揺らぎを許容し得るノンリアルタイム伝送を行うパケット通信などでは，受信側で誤りを検出して送信側へ再送を要求する自動再送制御 ARQ が用いられます．データ通信（パケット通信）のさらなる効率化と高品質化に応えるため，FEC と ARQ を組み合わせたハイブリッド ARQ 方式も広く用いられています．

2 誤り訂正符号

最も簡単な誤り訂正符号の一例として，**繰返し符号**を考えてみましょう．繰

補足⇒「FEC」：forward error correction,「ARQ」：automatic repeat request

返し符号は，例えば情報データ０を送るとき０を３回繰り返して送り，情報データ１を送るとき１を３回繰り返して送る方式です．これは，１ビットの情報データに２ビットの誤り訂正用検査符号を付加して符号化するものと考えられ，**図 2･10** に示すように情報データ０の場合符号は 000，情報データ１の場合符号は 111 となります．ここで，符号 000 と 111 では３ビットすべてが異なることから，この符号のハミング距離が３であるといいます．

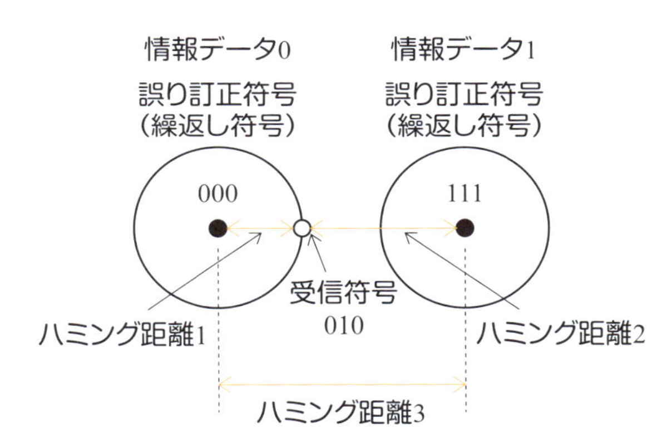

図 2･10■繰返し符号とハミング距離

さて，通信路で１ビットの誤りが発生すると仮定します．誤り訂正符号化を行わずに情報データ０をそのまま送ったとすると受信情報データは１に誤ってしまいます．しかし，図 2･10 のような繰返し符号では，たとえば符号 000 を送った場合に２ビット目が誤って受信符号が 010 となってしまったとしても，受信符号 010 と送信符号である 000 もしくは 111 とのハミング距離を求めると，ハミング距離が近い送信符号 000 すなわち送信情報データは０であったことが推定され，通信路の誤りが訂正できることになります．この誤り訂正処理は受信符号において０が多かったか１が多かったかの多数決判定によって簡単に実行が可能です．さらに５ビット繰返し符号にすればハミング距離は５となり２ビットの誤りまで訂正可能となります．一般に n ビット繰返し符号のハミング距離 $d_{\min}$ は n となり，ハミング距離 $d_{\min}$ の符号では（$d_{\min}-1$）/2 ビットまでの誤りが訂正可能となります．

誤り訂正符号には，ブロック符号，畳込み符号ならびにそれらの組合せで構成される連接符号などがあります．上述の n ビット繰返し符号は，１ビットの情

報データに $n-1$ ビットの誤り訂正用検査符号を付加した符号長 n ビットのブロック符号の一種で，符号の効率すなわち何ビットの誤り訂正符号で何ビットの情報データを送ることができるかを表す符号化率 r は $1/n$ となります．

また，これらの符号が扱う通信路誤りには，主として熱雑音によるランダム誤りのほかにフェージングや干渉波などの影響で発生するバースト誤りがあります．このバースト誤りを符号の並替えによってランダム誤りに分散させる手法としてインタリーブがあり，特にフェージング，干渉などの影響を受ける場合や複数の符号を組み合わせて用いる場合に重要な技術となっています．

誤り訂正可能なビット数を記号 t で表すことがありますが，時間の t とは異なるので注意が必要です．

（1）ブロック符号

ブロック符号は**図 2･11** に示すように，k ビットの固定長情報データに m ビットの検査符号をつけた n（$=k+m$）ビットの固定長の誤り訂正符号です．ブロック単位で誤り訂正するため短時間での復号処理が可能となります．情報を送る効率すなわち符号化率 r は k/n で表されます．符号長 n，情報データ長 k，誤り訂正可能ビット数 t のブロック符号を（n,k）あるいは（n,k,t）のブロック符号といいます．

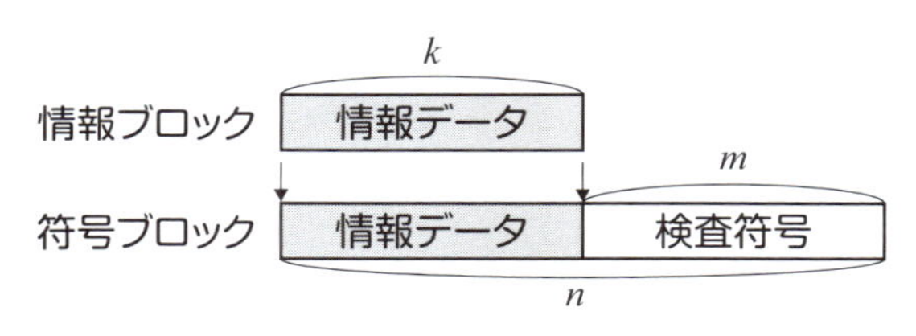

図 2･11■ブロック符号の構成

BCH 符号は，シフトレジスタと排他的論理和の線形演算からなる符号器で生成可能な代表的なブロック符号です．符号長および訂正能力の選択の自由度が大きく，復号器の構成が比較的簡易で高速動作が実現可能などの特徴があり，符号長と情報ビット数，誤り訂正能力の関係は，符号ビット長 $n=2^m-1$，情報ビット数 k（$\leqq 2^m-1-mt$）に対して，少なくとも t 個の誤りを訂正可能となります．

補足⇒「BCH」：Bose-Chaudhuri-Hocquenghem

リードソロモン符号はBCH符号を拡張したもので，BCH符号が1か0かの2元符号であるのに対し，mビットで構成され2^m通りの値をとるシンボル単位で誤り訂正を行います．1シンボルのビット数m，符号シンボル長n，情報シンボル数kのとき，符号シンボル長$n=2^m-1$，情報シンボル数$k=2^m-1-(d_{\min}-1)=n-d_{\min}+1$に対して，少なくとも$(d_{\min}-1)/2$シンボルの誤りを訂正可能となります．例えば，1シンボルが8ビット（$m=8$）で構成される（255, 239）のリードソロモン符号では，16シンボルの検査シンボルを付加しているため，8シンボル誤りまで訂正が可能です．

LDPC符号は1960年代にGallagerにより提案された符号ですが，近年の信号処理能力の発達，ならびに後述のターボ符号による繰返し復号法の開発がLDPC符号への注目のきっかけとなりました．LDPC符号は低密度なパリティ検査行列Hで定義されるブロック符号であり，実際のパリティ検査行列数は数十から数万と大規模なものとなります．LDPC符号の応用については，無線LAN，WiMAX，移動通信のLTEのオプションなどで検討されています．

（2）畳込み符号

畳込み符号は，連続する情報に対して検査符号を連続的に付加して符号化を行います．**図2･12**に示すシフトレジスタと排他的論理和からなる畳込み符号器は，符号化率$r=1/2$，シフトレジスタの段数に相当する拘束長$K=3$の例です．ここで，送りたい情報すなわち送信データがIで，生成される符号すなわち実際に伝送される符号が（X_1,X_2）です．これにより時間的に連続した畳込み符号が生成され，その中からどの組合せを選んでも符号間のハミング距離が$D_{\min}$以上になります．図で生成される畳込み符号の最小ハミング距離$D_{\min}$は5となり，2ビットの誤り訂正が可能となります．

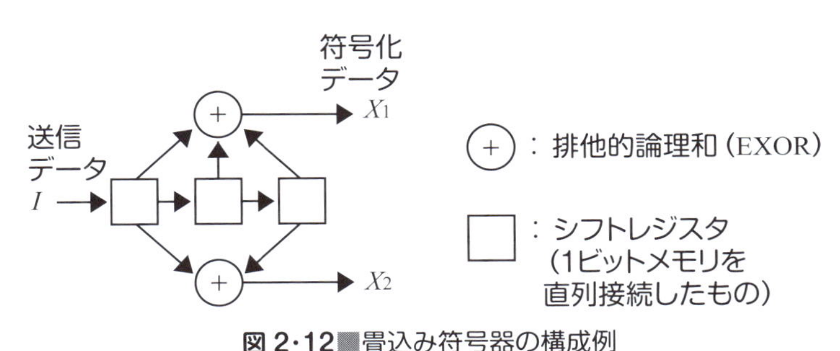

図2･12■畳込み符号器の構成例

補足⇒「リードソロモン」：RS，Read-Solomon,「LDPC」：low density parity check
「排他的論理和」：exclusive OR，EXORとも表記する．

畳込み符号に対する受信側の復号法としては，比較的簡易な回路構成で代数的な論理演算で実現できるしきい値復号法や，比較的複雑な回路を必要とするビタビ復号法，逐次復号法などがあります．ビタビ復号法は，1960年代後半にViterbiにより提案された畳込み符号に対して最も高い誤り訂正効果を発揮できる復号法（最尤（ゆう）復号とも呼ばれる）です．

ターボ符号は，1993年Berrouにより提案されました．ターボ符号は受信した符号に対して繰返し復号を行うため復号に要する遅延時間が大きくなりますが，シャノン限界までに近づく非常に優れた誤り訂正効果を示し，第3世代以降の移動通信やWiMAXなどのデータ通信で実用化されています．

シャノン限界について詳しくは今井秀樹「情報理論」（オーム社）など情報理論の教科書を参照してください．

（3）連接符号

連接符号は，ブロック符号と畳込み符号を連結することにより，それぞれを単体で利用する場合以上の誤り訂正効果が得られる方式で，Forney.Jrにより検討されました．畳込み符号－ビタビ復号などの2元符号を通信路に近いほうの符号である内符号に，RS符号などの2^k元符号を情報源に近いほうの符号である外符号に適用します．両符号の間にインタリーバおよびデインタリーバを挿入し，内符号出力に残る誤りを分散し外符号による誤り訂正効果を高めることが可能です．処理遅延時間が大きくなりますが，高い誤り訂正効果を有し，ディジタル放送などに応用されています．

3 自動再送制御

誤り訂正はできないまでも誤りがあるかないかを検出する符号として，パリティチェック符号があります．送信する情報データのブロック中の1の数が奇数（あるいは偶数）になるようにパリティを付加することにより，通信路で発生した1ビットの誤りを検出可能です．さらに誤り検出能力を高めたものがCRC符号です．比較的簡単なハードウェアで実現できるため，多くの通信システムにおいてデータ通信用ARQ方式などに採用されています．

ARQは送信側で情報データに例えば前述のCRC符号を誤り検出符号として

補足⇒「内符号」：(inner code)，「外符号」：(outer code)，「CRC」：cyclic redundancy check

付加して送信し，受信側で誤りを検出し，送信側に再送を要求する方式です．符号の冗長度が小さく比較的簡単な処理で高い信頼性が得られるのが特長です．その反面，再送要求のためのフィードバック回線と再送に備えるためのバッファが必要で，データ伝送の遅延が無視できなくなります．また，誤りが多くなると伝送効率が急速に低下します．ARQ 方式には大別して，以下の三つの方式があります．ARQ の各方式を**図 2・13** に示します．

① stop-and-wait：受信側から受信成功応答 ACK を確認すると次のパケットを送信，NACK のときは同じパケットを再送する．

② go-back-N：往復に要する遅延が N パケットのとき，パケットを連続送受信して受信失敗応答 NACK を確認すると，N パケット前に戻ってその失敗パケットから再送し直す．

③ selective-repeat：パケットを連続送受信して NACK を確認すると，その失敗パケットだけを選択して再送する．

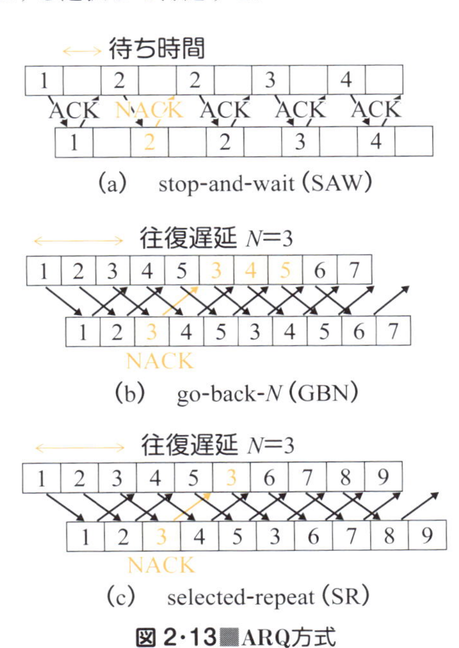

図 2・13■ARQ方式

また，ARQ と FEC を組み合わせたハイブリッド ARQ があります．ハイブリッド ARQ タイプ I は，誤り訂正と検出ができる符号で，例えば 2 誤り訂正 3 誤

補足⇒「SAW」：stop-and-wait,「GBN」：go-back-N,「SR」：selected-repeat

り検出符号を用いてパケットを構成し，誤り検出されたときのみNACK返信で再送要求します．タイプⅡは，1回目は基本的なARQと同じで，NACK受信後の再送は情報ビットではなくFECの冗長ビットを送信して1回目受信結果の情報ビットと合わせての誤り訂正を実行するものです．このため，誤り率の低い比較的良好な通信路では基本的なARQと同様に効率が良くなります．

誤り訂正符号には，情報をブロックに区切って冗長符号を付加するブロック符号，および情報の符号化を連続的に行う畳込み符号，ならびにそれらの組合せで構成される連接符号があります．それぞれ，ランダム誤りに強い符号と連続するバースト誤りに強い符号があります．また，バースト誤りを符号の並替えによって分散させる手法としてインタリーブがあります．

自動再送制御ARQの中では最も効率が良いのがselective-repeat方式で，これらのARQと誤り訂正符号を組み合わせたものとしてハイブリッドARQがあります．

例題 5

送信する情報データが9ビットで，101 110 000のような符号列のとき，以下の問いに答えなさい．

(1) 1ビットのパリティチェック符号を付加して送信し，6番目が誤った場合について，受信側でパリティチェックにより誤り検出できることを示しなさい．

(2) 送信データを3×3の行列と考え，それぞれ3行の各行と3列の各列にパリティチェック符号を付加することで，(1)と同じく情報データの6番目が誤った場合について，誤りビットが特定でき誤り訂正可能となることを示しなさい．

101 110 000 ⇒ 101 111 000 (6番目が誤り)

(1) 9ビットの情報に対し奇数パリティで誤り検出を行う場合を考えます.

送信情報データ	パリティ
101 110 000	1 (1の数が奇数で送信)

⇓

受信情報データ	パリティ
101 111 000	1 (1の数が偶数を受信)

よって「誤りあり」と検出可能となります.

(2) 9ビットの情報データを3行3列の行列とし,水平方向および垂直方向に奇数パリティチェック符号(水平垂直パリティ)を付加する誤り訂正を考えます.

	送信情報データ	水平パリティ
送信情報データ	1 0 1	1
	1 1 0	1
	0 0 0	1
垂直パリティ	1 0 0	

	受信情報データ	水平パリティ
受信情報データ	1 0 1	1 (1の数が奇数を受信:「誤りなし」)
	1 1 1	1 (1の数が偶数を受信:「誤りあり」)
	0 0 0	1 (1の数が奇数を受信:「誤りなし」)
垂直パリティ	1 0 0	
	奇 奇 偶	←(3列目で1の数が偶数を受信:「誤りあり」)

水平パリティ中2行目に「誤りあり」と検出
垂直パリティ中3列目に「誤りあり」と検出

よって,6番目のデータが誤ったことがわかり,この受信データを反転することで誤り訂正が可能です.

2-5 ディジタル変調

キーポイント

ディジタル化された情報を高い品質で遠くまで伝達するのに有効なのが搬送波伝送です．搬送波伝送において，搬送波にディジタル符号化された情報を乗せるのがディジタル変調です．

搬送波の振幅，周波数，位相あるいはそれらの組合せを変化させることで，ディジタル化された符号を搬送波に乗せることができ，情報の伝送が行われます．

受信側ではこれらのディジタル変調信号から情報を取り出すため同期をとり復調が行われます．

1 ディジタル変調とは

一般にディジタル通信では，送信側で電波や光などの搬送波に情報を乗せて送信します．このように搬送波に情報を乗せることを**変調**，逆に受信側で搬送波に乗っている情報を取り出すことを**復調**といいます．また，搬送波に乗せる情報が，アナログ信号の場合を**アナログ変調**，ディジタル信号の場合を**ディジタル変調**といいます．ここで，周波数 f_c の搬送波 $A\ \cos(2\pi f_c t+\phi)$ の特定のパラメータを情報に対応するベースバンド信号に比例して変化させることで変調を行いますが，その結果得られる変調信号 $s(t)$ は次式で表されます．

$$S(t) = A\ \cos(2\pi f_c t+\phi) \qquad (2\cdot2)$$

搬送波は正弦波の関数で表すことができますが，これは sin 関数でも cos 関数でも同じように表すことができます．後で学ぶ QPSK 変調信号などの直交位相変調では情報を搬送波基準と同じ位相，すなわち同相（I-ch）と直交する位相（Q-ch，$\pi/2$ 回転した位相）で変調しますが，その同相成分を直接計算しやすい cos 関数を用いることが多いのです．

搬送波に情報を乗せる場合，その搬送波の

① 振幅を変化させる場合を振幅変調（AM）

② 周波数を変化させる場合を周波数変調（FM）

③ 位相を変化させる場合を位相変調（PM）

といいます．ディジタル変調の場合は，0 か 1 かのディジタル情報に対応して搬送波を変化させ，shift keying という呼び方で表します．**図 2・14** に主なアナログ変調とディジタル変調方式のしくみを簡単に示します．

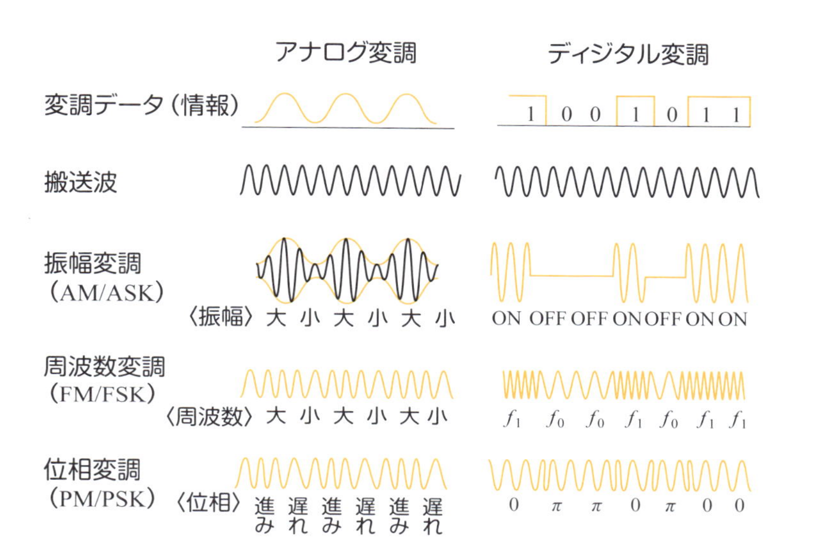

図 2·14■主な変調方式

「位相の進み」とは基準になる信号に比べ，ある信号のそれぞれの値をとる時間が早まることをいいます．アナログ位相変調では，位相が進むと搬送波の１波長が縮み周波数が高くなるように見え，逆に位相が遅れると１波長が引き伸ばされて周波数が小さくなるように見えるのです．この関係は位相の時間微分，すなわち変化量が周波数に相当することを意味しています．

（1）振幅変調

搬送波の振幅 $A(t)$ を情報に対応するベースバンド信号に比例して変化させる場合を振幅変調といい，情報がディジタルのベースバンド信号の場合を振幅シフト変調（ASK）といいます．情報“0”のときは振幅0すなわち搬送波をオフとし，情報“1”のときのみ搬送波をオンとするASKを特にON-OFF keyingといいます．

（2）周波数変調

搬送波の周波数 $f_c(t)$ を情報に対応するベースバンド信号に比例して変化させる場合を周波数変調といい，情報がディジタルのベースバンド信号の場合を周波数シフト変調（FSK）といいます．

（3）位相変調

搬送波の位相 $\phi(t)$ を情報に対応するベースバンド信号に比例して変化させる場合を位相変調といい，情報がディジタルのベースバンド信号の場合を位相シ

補足⇒「ASK」：amplitude shift keying
「FSK」：frequency shift keying

フト変調(PSK)といいます．搬送波の位相 $\phi(t)$ の時間微分，$d\phi(t)/dt$ が周波数 $f_c(t)$ となるという関係から位相変調と周波数変調は近い関係にあります．

PSK は，搬送波の位相 θ をベースバンド信号によって切り換えますが，情報を表すベースバンド信号の 0，1 の状態に合わせて 0° と 180° すなわち 0〔rad〕と π〔rad〕の位相を用いる場合を BPSK といい，シンボルと呼ばれる単位時間に 2 種類の位相で 1 ビットを伝送します．また，シンボルの伝送速度をシンボル速度といい，symbol/s の単位で表します．ここで，搬送波の基準となる位相に対して，変調された信号の位相が早まることを「位相の進み」，遅れることを「位相の遅れ」と考えます．

BPSK が 2 種類の位相を用いる 2 値の PSK 変調方式であるのに対し，直交 PSK とも呼ばれる QPSK は 4 値の PSK 変調方式です．**図 2・15** (a) のように送信する情報データは 2 系列の信号，I-ch 信号と Q-ch 信号に分配され，図 (b) に示すように位相が互いに 90° 異なる四つの位相状態を使用します．つまり，①の位相 45° ($\pi/4$)，②の位相 135° ($3\pi/4$)，③の位相 −45° ($-\pi/4$)，④の位相 − 135° ($-3\pi/4$) の 4 種類の搬送波位相すなわち x 軸 (I-ch) と y 軸 (Q-ch) の振幅値の組合せ① (1, 1)，② (−1, 1)，③ (1, −1)，④ (−1, −1) の四つの振幅位相点に 2 ビットの情報① (1, 1)，② (0, 1)，③ (1, 0)，④ (0, 0) を対応させて，1 シンボルで 2 ビットの伝送を行います．信号電力の周波数波形，スペクトラムは周波数帯域制限すなわち波形整形がない状態では図 (c) のようになっています．

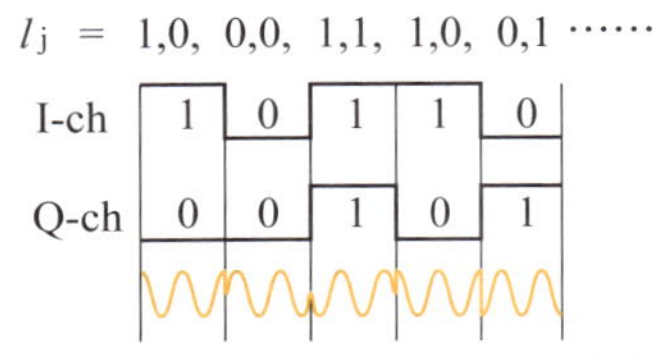

(a) QPSK変調波形 (時間領域)

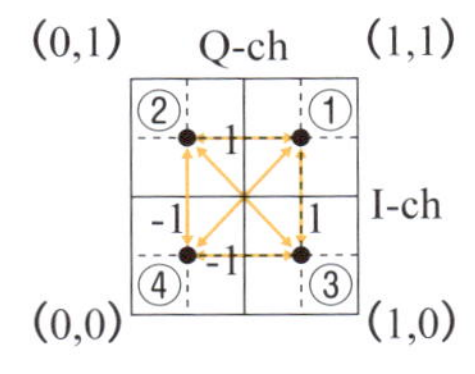

(b) QPSK変調波形 (位相領域)

電力密度

周波数

帯域制限のない
QPSK電力スペクトラム

(c) QPSK変調波形 (周波数領域)

図 2・15■QPSK変調信号

補足⇒「PSK」: phase shift keying,「BPSK」: binary phase shift keying,
「QPSK」: quadrature PSK,「I-ch」: in-phase channel

図 2・16 に QPSK 変調器の構成例を示します．I-ch 信号と Q-ch 信号をそれぞれ直交する搬送波で変調したものを合成（直交合成という）することで QPSK 変調信号が得られます．

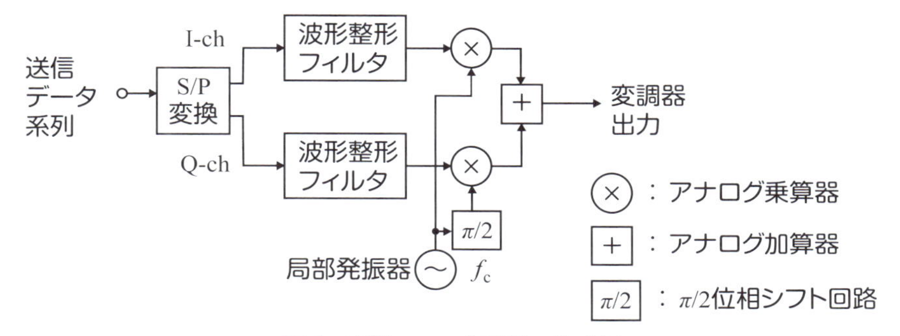

図 2・16 QPSK変調器の構成例

（4）直交振幅変調

上記の変調方式はいずれも搬送波のパラメータ（振幅，周波数，位相）のうち一つを変化させるものでしたが，二つのパラメータを変化させることによってより高能率な変調を実現することができます．直交振幅変調（QAM）はその代表的なものであり，振幅と位相の双方を同時に変化させる変調方式です．**図 2・17** に示すように，16 値 QAM では，I-ch 信号と Q-ch 信号をそれぞれ 4 値（2 ビット）の振幅変調とした上で直交合成することにより，1 シンボル当たり 16 値で 4 ビットの伝送が可能となります．64 値 QAM では 1 シンボル当たり $8 \times 8 = 64$ 値で 6 ビットの伝送となるわけです．

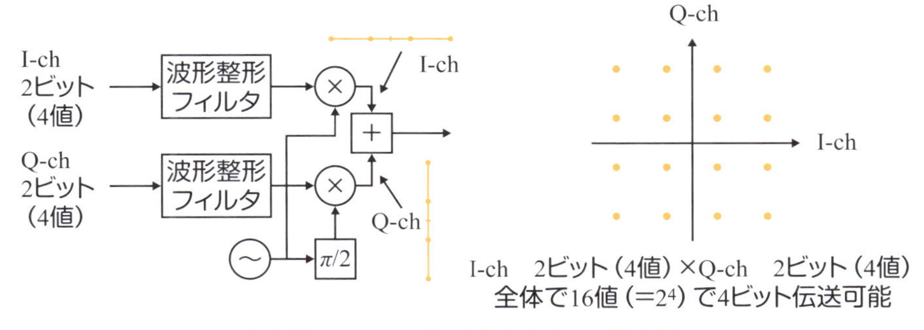

図 2・17 16値QAM変調器の構成と振幅位相波形

補足⇒「Q-ch」：quadrature-phase channel
「QAM」：quadrature amplitude modulation

2 ディジタル変調の電力と帯域幅

ディジタル変調方式を比較する場合，どの方式が最適であるかは使用条件によって左右されます．一定の送信電力，情報量においてビット誤り率や必要とする周波数帯域幅について比較することになります．送信電力と情報量とは比例関係にあり，情報量が大きい，すなわち，通信速度が高速な変調信号ほど信号対雑音電力比（S/N）を大きくするため送信電力が多く必要となり，情報量が少なく低速なほど送信電力が少なくて済みます．また，必要な周波数帯域幅については，ディジタル変調方式の場合，アナログ変調方式に比べて大きくなる傾向にありますが，16QAM，64QAM のような振幅位相変調では，ほかの変調方式と比較し必要な周波数帯域幅を少なくでき，特に高速な通信に適しています．ここで，誤り訂正符号とディジタル変調方式を組み合わせた通信方式の最大通信速度 C〔bps〕は，周波数帯域幅 W〔Hz〕，信号対雑音電力比を S/N とすると次式のように与えられ，誤り訂正符号を用いた通信路符号化により誤り率を十分低くして伝送可能なことが Shannon の通信路符号化理論により示されています．

$$C = W \log_2\left(1+\frac{S}{N}\right)\text{〔bps〕} \tag{2·3}$$

つまり，ある周波数帯域幅，受信信号電力と雑音の比が与えられると，その条件において誤り率が十分低い，すなわち十分良い品質で伝送できる通信速度には限界があり，それがこの式の C〔bps〕だということになります．

3 ディジタル信号の広帯域伝送方式

これまで解説してきた変調方式は，情報を搬送波に乗せて伝送することを目的とした一次変調といわれるものです．さらに，伝送方式のさまざまな要求条件を満たすため，この一次変調された搬送波をさらに別の変調方法で変調して伝送する二次変調と呼ばれるものがあります．

（1）スペクトラム拡散

スペクトラム拡散では高速な拡散符号により二次変調を行って通信します．一次変調の変調速度に比べて，十分高速な拡散符号によってスペクトラムの拡散を行い，受信側では同じ符号で逆拡散を行うため，ほかの信号からの干渉に強い通信を実現することができます．つまり，干渉は逆拡散の結果電力密度が低くなり，

補足⇒「S/N」：signal to noise power ratio，SNR，信号対雑音電力比．

その影響も小さくすることができるのです．同時にスペクトラム拡散された送信信号は広い周波数帯域幅に拡散されていることから，同じ周波数を使用するほかの信号への干渉，すなわち与干渉を低くすることができます．**図 2･18** に直接拡散型のスペクトラム拡散方式の原理を示します．

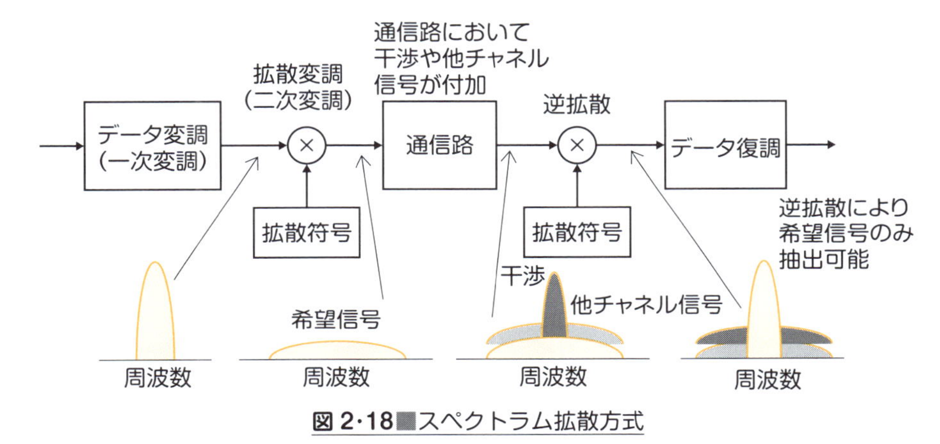

図 2･18■スペクトラム拡散方式

また，スペクトラム拡散では，無線通信におけるマルチパスに強い伝送を実現することができます．マルチパスとは，送信側から送出された電波が直進したり，ビルに反射したりして，いろいろな経路，マルチパスを経て受信機に到達することをいいます．このようなマルチパスによって信号が干渉し合うことを多重波干渉あるいはマルチパス干渉といい通信品質が非常に劣化します．スペクトラム拡散方式では拡散符号による逆拡散においてマルチパスを分離することができ，それらのマルチパス信号が互いに干渉するのではなく，逆に位相をそろえて合成する*ことによって品質を高めることが可能となるのです．

このスペクトラム拡散方式には，上述のような高速拡散符号による直接拡散方式のほか，拡散符号に対応して搬送波周波数を変化させる周波数ホッピング方式，搬送波周波数を掃引するチャープ方式などがあります．多元接続方式の CDMA 方式にも用いられる広帯域伝送方式です．

(2) OFDM

多重波干渉の影響を軽減できる伝送方式として OFDM 方式があります．OFDM は，直交周波数分割多重と訳されます．変調信号 1 波当たりの伝送帯域を狭くし，それらの多数の周波数の異なる搬送波，副搬送波（サブキャリア）を

(*) RAKE 受信という．RAKE とは熊手のことで，獲物をかき集めることも意味する．

周波数軸上で多重化する複数搬送波（マルチキャリアともいう）による二次変調方式です．ここで，各副搬送波はQPSKなどの位相変調方式や，16QAM，64QAMなど直交振幅変調方式で一次変調されています．また，これらの副搬送波は互いに重なり合うように密に配置されていますが，送信側では逆フーリエ変換，受信側ではフーリエ変換という信号処理を用いることによって各副搬送波を完全に分離することができます．このとき，各副搬送波の変調シンボル周期 T_{symbol} の逆数が副搬送波の周波数間隔 $\Delta f_{\mathrm{subcarrier}}$ と一致していることにより各副搬送波の変調信号が互いに干渉しない条件となっています．このように，副搬送波各波が干渉し合わずに完全に分離できることを「直交している」といいます．**図2・19**にOFDMの原理について，一つの搬送波で伝送する単一搬送波シングルキャリア）の場合と比較して示します．

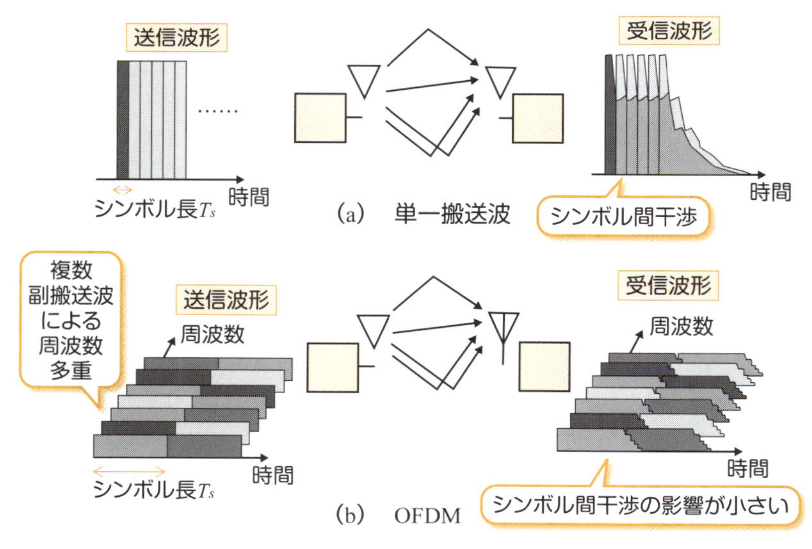

図2・19■OFDMの原理

このように，OFDMでは複数副搬送波にデータを分散して変調することによって，1波当たりの変調速度を低速にし，1変調信号のシンボル時間を長くすることができるため，前述した多重波干渉の遅延による影響を大幅に軽減することが可能になっているのです．さらに，多重波干渉の結果生じているシンボル間干渉を低減する目的で，送信側においてOFDM信号シンボルの一部を複製しシン

補足⇒「OFDM」：orthogonal frequency division multiplexing，「副搬送波」：sub carrier，「単一搬送波」：single carrier

ボル先頭部分に付加するガードインターバル（GI）* という冗長成分で拡張し，受信側において干渉により劣化するシンボルの先頭部分を除去して復調を行うことで品質を向上することも可能です．

図 2･20 に OFDM の送信機と OFDM 信号の例を示します．時間軸上に並ぶ n ビットの送信データは直並列変換されて，それぞれ周波数の異なる副搬送波に割り当てられ，一次変調である副搬送波変調が行われます．各副搬送波は先に述べた直交条件を満足し互いに干渉することはありません．この周波数軸上の信号列を逆フーリエ変換すると，周波数軸上に多重された OFDM 信号が時間軸上の信号列となり，GI を付加したあと並直列変換され順次送信されます．ここで，GI が挿入された OFDM 信号は，各副搬送波信号が重なり合った直交が崩れた形で伝送されていることに注意が必要です．この直交性の崩れは受信側での GI 除去で復元することが可能です．

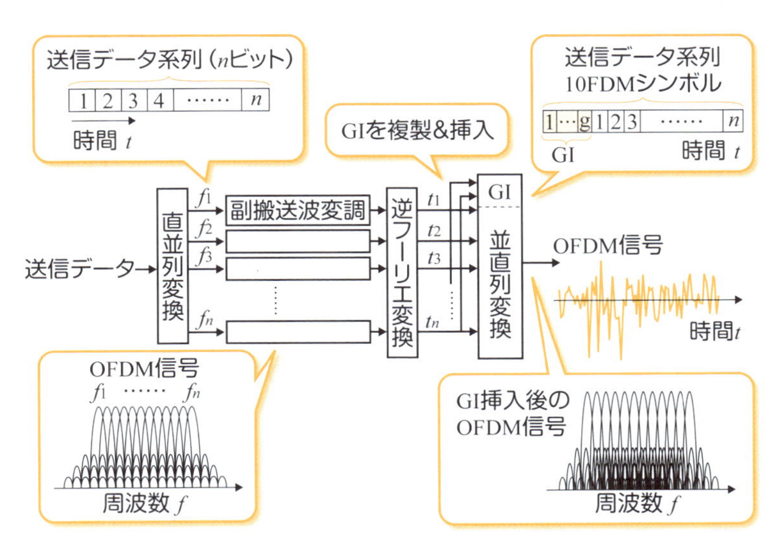

図 2･20■OFDMの送信機の構成とOFDM信号の例

受信側はこの機能に対応する信号処理からなり，受信 OFDM 信号が直並列変換された後，冗長信号である GI が除去され，フーリエ変換にて時間軸上の信号が各周波数の副搬送波変調信号に変換されます．その後，各副搬送波変調に対応した復調が行われ並直列変換され元の送信データ系列が再生されます．

（*）「guard interval」：GI，サイクリックプレフィクス（cyclic prefix）ともいう．

4 ディジタル変調信号の同期技術

ディジタル変調された送信信号は受信側で復調され，情報の復元が行われます．しかし，実際のシステムでは送信側と受信側の周波数やタイミングに必ず誤差があり，そのままでは変調信号を正しく復調することはできません．搬送波の周波数にもデータのクロック周波数にも送受信間で誤差があり，位相情報を用いる変調方式では，周波数のみならず搬送波位相も合わせる必要があります．また，情報の始まりや終わりの区切りであるフレームのタイミングも送受信間で合わせます．さらに，通信路においてもさまざまな要因の変動があり，雑音の影響も受けるため，これらの条件のもとで受信信号の同期を確立したうえで復調を行う必要があるのです．

(1) 搬送波同期

変調信号は，搬送波の振幅，周波数および位相に情報を対応させて伝送を行います．受信側で復調を行うためには，その基準となる搬送波を準備する必要があります．この搬送波基準を受信信号からある程度品質を高めて再生し，情報を取り出すことを同期検波といいます．受信側で再生された搬送波基準が送信側で用いた搬送波と一致しているとき，搬送波同期がとれている状態といえます．搬送波再生には受信した変調信号のみを用いる方法もありますが，振幅や位相の変動が激しい通信路では搬送波同期が難しくなります．そこで，パイロット信号と呼ばれる既知の振幅位相および周波数をもつ参照信号を送信信号に含めて送信し，受信側ではこのパイロット信号をもとに搬送波同期の品質を高める方法があります．

図 2·21 に同期検波方式の構成を示します．ここでは，後述するクロック同期の機能もあわせて示しています．

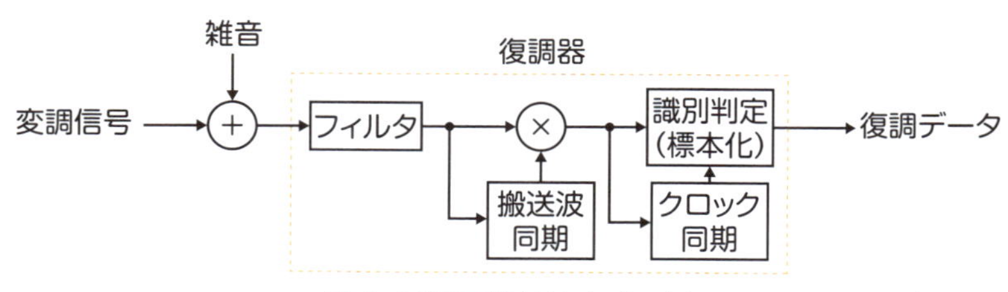

図 2·21 ■同期検波方式の例

一方，搬送波の同期，すなわち搬送波再生を行うことなく復調を行う非同期検波と呼ばれる方式もあります．例えば，振幅変調の場合，受信信号の包絡線のみを抽出することで振幅の変化を判定します．また，周波数変調の場合は周波数弁別と呼ばれるフィルタによる周波数成分の分離によって周波数の変化を判定できます．位相変調の場合は，送信側で差動符号化という信号変換を施しておき，受信側では，ある時間の変調信号を検波する際に1シンボル前の受信変調信号と比較することで情報を取り出す遅延検波があります．**図 2・22** に差動符号化を用いた変調と遅延検波による復調の構成を示します．

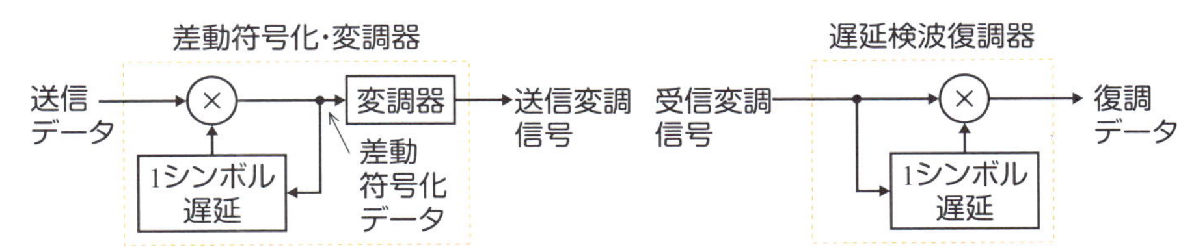

図 2・22■差動符号化―遅延検波方式の例

この差動符号化―遅延検波方式は，搬送波再生が不要で回路が簡易であり，通信路の変動に対する追従性も比較的良好ですが，雑音を含む受信変調信号が基準信号となるため，復調特性，例えば符号誤り率特性は同期検波方式に比べ劣化します．

（2）クロック同期

復調器における検波の結果，搬送波周波数の変調信号からベースバンド信号が取り出されますが，これらは送受信のフィルタにより波形が変化する信号となっています．このベースバンド信号から情報を取り出すには，最適なタイミングで情報の値を判定する識別判定を行う必要があります．このタイミングをシンボルタイミングといい，変調シンボルのクロックの周波数ならびに位相を送信側に同期させることで最適な識別判定が可能となります．これをクロック再生，あるいはシンボルタイミング再生といいます．

クロック再生の方法としては，検波後信号に対する1/2シンボル遅延乗算，二乗演算，ゼロクロス検出などのさまざまな手法が用いられています．また，クロック再生を容易にするため，クロック再生用符号を冗長符号としてパケットの先頭に付加する場合もあります．

まとめ

ディジタル変調には，振幅変調ASK，周波数変調FSK，位相変調PSK，振幅位相変調の一種であるQAMなどがあります．

これらの変調方式は，一定の通信速度を実現するために必要な周波数帯域幅，あるいはそれぞれ一定の符号誤り率以下で品質の良い伝送を行うための信号対雑音電力比ならびに通信路の特性が異なり，使用されるシステムの条件に応じてどの変調方式を用いるかが決定されます．

また，通信路のさまざまな特性や干渉条件から情報を搬送波に乗せる一次変調に加え，拡散変調により周波数を広げて送信を行うスペクトラム拡散や，直交周波数分割多重OFDMなどの技術による二次変調を組み合わせることで高品質化や高効率化を実現することができます．

受信側でディジタル変調信号の搬送波から情報を取り出すことを検波といい，送信側搬送波と完全に一致した搬送波基準を再生して行う検波を同期検波，これを簡略化して行う方法を非同期検波といいます．また，符号の判定識別のため変調シンボルの識別タイミングを確定するためのクロック同期が行われます．

例題 6

QPSK変調方式では，1変調シンボルで2ビットの方法伝送が可能であり，1変調シンボルの周期が10nsとするとシンボル速度は100Msymbol/sで情報伝送速度は200Mbpsとなる．

(1) 16QAM変調方式の1変調シンボル当たりの伝送ビット数 X を求めなさい．また，1変調シンボルの周期が10nsのときの情報伝送速度を求めなさい．

(2) 64QAM変調方式の1変調シンボル当たりの伝送ビット数 X を求めなさい．また，1変調シンボルの周期が10nsのときの情報伝送速度を求めなさい．

(1) 16QAM 変調方式は 1 変調シンボルで 16 種類の信号点を取り得ることから，$2^X = 16$ より $X = 4$ となります．すなわち，1 変調シンボルで 4 ビット伝送可能です．

また，1 変調シンボルの周期が 10ns，すなわち 100Msymbol/s のとき，情報伝送速度は，4 ビット /symbol × 100Msymbol/s = 400Mbps となります．

(2) 64QAM 変調方式は 1 変調シンボルで 64 種類の信号点を取り得ることから，$2^X = 64$ より $X = 6$ となります．すなわち，1 変調シンボルで 6 ビット伝送可能です．

また，1 変調シンボルの周期が 10ns，すなわち 100Msymbol/s のとき，情報伝送速度は，6 ビット /symbol × 100 Msymbol/s = 600 Mbps となります．

練習問題

① μ-Law 則を用いた PCM 音声符号化方式において，音声信号を 8kHz の標本化周波数で 8 ビット量子化した場合の符号速度を求めなさい．　易☆★★難

② 誤り訂正のブロック符号において，情報データのビット数が 113 ビット，検査符号のビット数が 14 ビットのとき，全体の符号長と符号化率を求めなさい．

易☆☆★難

③ 256QAM 変調方式の 1 変調シンボル当たりの伝送ビット数を求めなさい．また，1 変調シンボルの周期が 20ns のときの情報伝送速度を求めなさい．

易☆☆★難

④ OFDM 伝送において 1OFDM シンボルの周期が 4 μs，各副搬送波の一次変調が 16QAM 変調方式であり，データを伝送する副搬送波数が 128 のときの情報伝送速度を求めなさい．　易☆☆☆難

Date　・　・

3章

情報通信ネットワークの形態と基本設計

3-1　交換方式

3-2　コネクション型とコネクションレス型のネットワーク

3-3　ネットワークトポロジー

3-4　ネットワークの基本設計

情報通信ネットワークには，機器の構成や接続方法，あるいはデータの転送方法などによって，さまざまな形態があります．まず通信方式に着目すると，二つの交換方式があります．古典的な電話ネットワークに代表される回線交換とインターネットなどのコンピュータ間データ通信ネットワークに代表されるパケット交換です． 3-1 節ではこれらの違いについて学びましょう．

また，電話ネットワークでは，音声通信を始める前に，送信側と受信側でコネクションの設定を行います．インターネットでは，データ通信の要求が発生するとコネクション設定を行わずに直ちにデータ送信を開始します．このようなコネクション型通信とコネクションレス型通信については 3-2 節でみていきます．

次に，ネットワークは，接続方法や伝送メディアの利用方法によって，さまざまな形状（トポロジー）を構成することができます．さらに，物理的なトポロジーとは異なり，実際のデータ転送の経路によって論理的なトポロジーが構成されます．これらについては 3-3 節でふれます．

3-4 節ではデータ転送要求量とネットワーク資源から情報通信ネットワークを設計することを考えます．そのための通信トラヒック理論を用いた基本技術について学びます．

3-1 交換方式

キーポイント

ネットワークを利用した通信の方法には，大別して回線交換とパケット交換があります．これらはサービスに提供する通信品質が異なるので，サービスに応じた交換方式を利用する必要があります．サービスが要求する通信品質を満たす通信を行うためには，それぞれの違い，特徴を理解しておくことが重要です．

1 回線交換とパケット交換

音声やデータを相手に届けるには，ネットワークを介して信号を伝える必要があります．送信側の機器と受信側の機器は1対1で接続されているのではなく，ネットワーク内の複数の中継装置を経由して接続されています．そのため，送信側の機器で発生した音声やデータは，ある中継装置に送られ，そこで適切な出力線が選ばれて次の中継装置へ送られます．次の中継装置でも同様に適切な出力線を経て次の中継装置へ送られていきます．これを繰り返すことによって受信側の機器へ送られていきます．音声やデータごとに，中継装置で適切な出力線を選択することを**交換**と呼びます．また，中継装置を**交換機**，あるいはノードと呼び，音声やデータの通信要求を**呼**と呼びます．

ネットワーク上の交換方式には，大きく分けて**回線交換**と**パケット交換**があります（**図3･1**）．回線交換は，典型的な電話サービスに代表される通信方式であり，パケット交換は，コンピュータ間のデータ転送に代表される通信方式です．それぞれ，発展してきた経緯や提供するサービスが大きく違うことから，異なる性質のネットワーク，あるいは異なるサービスを提供する別々のネットワークと考えることができます．

回線交換は，電話の呼が発生した際，実際の通信（音声通話）を行う前に，発信側と受信側の間のネットワーク資源である回線を確保する接続設定を行います．回線の接続設定が完了すると，情報のやり取り（ここでは音声通話）を開始します．情報のやり取りが終了すると，確保していた回線を解放するために，終了手続きを行います．

パケット交換は，コンピュータ間のデータ転送が発生した際，送信するデータを複数のパケットに分割して，順次送信します．回線交換とは異なり，基本的に通信を行う前に呼の接続設定は行いません．送信するデータが発生するたびにデ

補足⇒「交換機」：switch,「ノード」：node,「呼」：call

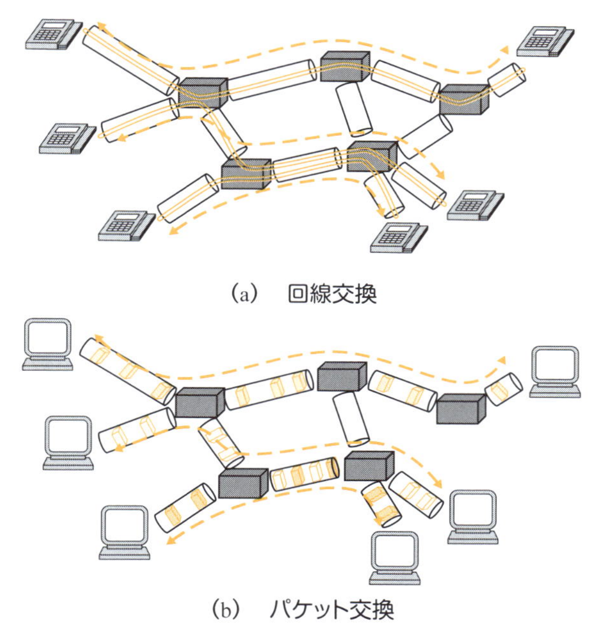

(a)　回線交換

(b)　パケット交換

図 3・1■回線交換とパケット交換

ータを送出します．接続設定を行わない代わりに，送信するパケットすべてに宛先を記したヘッダを付与して送出します．送信するデータがなくなるとデータ送信を停止し，ネットワークに対する終了処理は行いません．

2 回線交換

(1) 回線交換とは

電話ネットワークを例に回線交換のしくみについて説明します．電話ネットワークでは，情報発信端末（電話機）からの通信要求（呼）を受け取ると，情報発信端末と情報受信端末の間でネットワーク資源（回線）が提供可能かを調べます．回線を提供可能な場合には，その回線を予約し，受信端末を呼び出し，同時に発信端末に呼出し音を送出します．受信端末が応答すると，回線が設定され，その回線を用いて通信（音声通話）が開始されます．情報発信端末からの通信要求から受信端末が応答するまでのプロセスをコネクション設定と呼びます（**図 3・2**）．

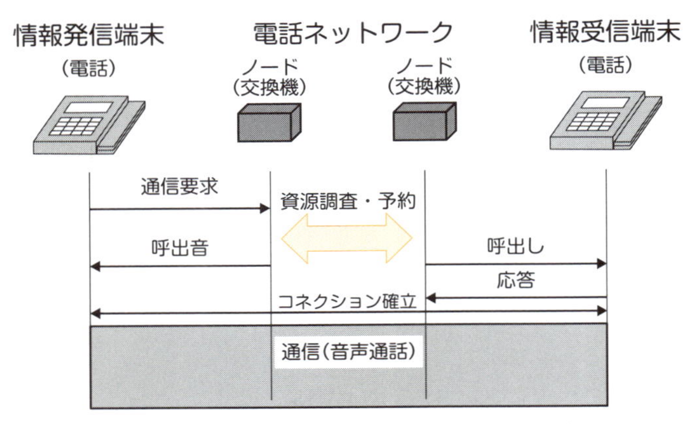

図 3・2■音声通話におけるコネクション設定

コネクション設定において，ほかの通信によって回線または受信端末がすでに使用中である場合には，新たな呼は受け付けられず，話中音を発信端末に送出します．このように呼が受け付けられないことを呼損と呼びます．また，通信中は，発信端末と受信端末の間に設定された回線を占有します．通信が終了すると，占有していた回線を解放するプロセス（コネクション解放）が行われます．

回線交換における交換機の論理的なイメージを**図 3・3** に示します．これは空間分割多重交換と呼ばれる方式を表しています．もともとアナログ音声情報を伝送するために用いられた交換方式で，実際に物理的な通信回線を接続してコネクション設定を行うものです．一方，時分割多重交換という方式があり，これはディジタル通信を行う際に利用されます．次項で説明します．

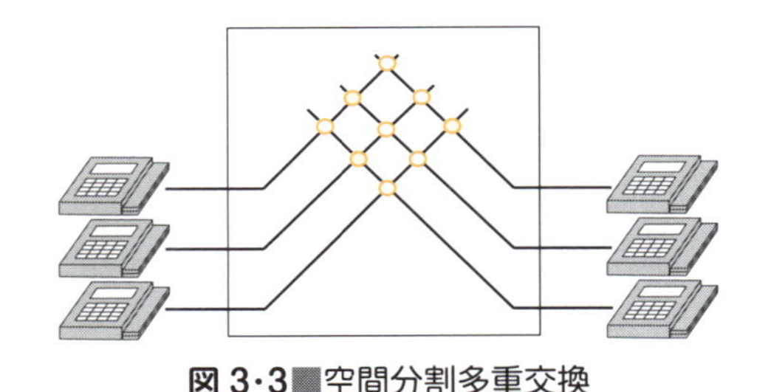

図 3・3■空間分割多重交換

（2）回線交換におけるノード処理

かつて，音声通信はアナログ情報として扱われていましたが，現在，音声通信

補足⇒「話中音」: busy tone,「呼損」: call loss,「空間分割多重」: space division multiplexing,「時分割多重」: time division multiplexing

はディジタル情報として扱われています．アナログ信号の場合は，交換機において物理的に通信路を接続することによって回線を設定しており，空間分割多重交換が用いられていました．ディジタル信号の場合は，**時分割多重交換**が用いられます．

音声通信のディジタル化では，音声の標本化周期である 1/125 μs ごとに 8 ビットの情報を生成します．すなわち，8 ビット ÷ 1/125 μs ＝ 64kbps の転送速度になります．この標本化周期の 1/125 μs ごとに区切った時間枠を**フレーム**と呼びます．ネットワークの速度によって 1 フレームは 8 ビット単位の複数の**スロット**で構成され，1 スロットに一つの音声通信の情報を乗せることができます．例えば，ネットワークの転送速度が 256kbps ならば，1 フレームは 4 スロットで構成され，四つの異なる音声通信のデータを割り当てることができます．つまり，四つの音声通信を**多重化**できるということです．

図 3·4 に四つの音声通話を多重化した例を示します．端末 A と端末 1，端末 B と端末 2，端末 C と端末 3，端末 D と端末 4 が音声通信を行っています．ネットワークの 1 フレームは 4 スロットからなり，入力線 1 から 4 から入ってくる音声情報を順にスロットに乗せます．反対側では，到着したスロットの音声情報を出力線 1 から 4 に分けて取り出します．入力線側の装置を**マルチプレクサ**，出力線側の装置を**デマルチプレクサ**と呼びます．ここでは，1 フレーム内の最初のスロットに端末 A と端末 1 の音声情報が割り当てられ，ほかのスロットも順に端末 B と端末 2 の音声情報，端末 C と端末 3 の音声情報，端末 D と端末 4 の音声情報が割り当てられています．すなわち，どの通信に 1 フレーム内のどのスロットを割り当てるかをあらかじめ決めることが必要になります．このスロットの割当てが，ディジタル化された音声通信の回線の割当てに相当します．

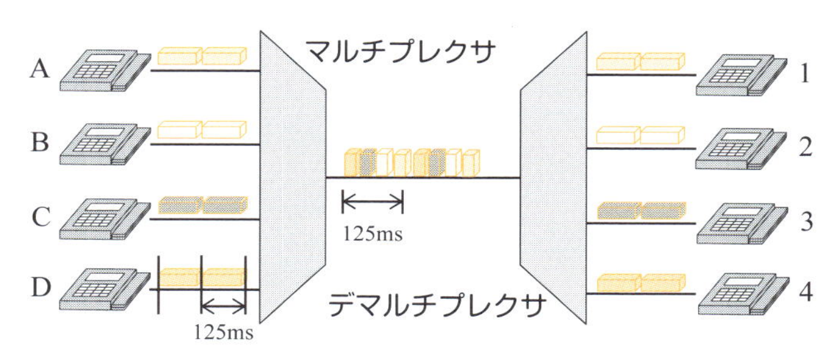

図 3·4 時分割多重

補足⇒「フレーム」：frame,「スロット」：slot,「マルチプレクサ」：multiplexer,「デマルチプレクサ」：de-multiplexer

次に，端末Aと端末3が音声通信をする場合を考えましょう．マルチプレクサでは，端末Aからの音声情報をフレーム内の1番目のスロットに割り当てるとします．デマルチプレクサではフレーム内3番目のスロットを端末3への通信に割り当てるとします．したがって，端末Aと端末3の回線を設定するためにはネットワーク内でフレームの1番目のスロットを3番目のスロットに割り当て直す必要があります．そこで，1フレーム内のスロットの順番を並べ替えるため，時分割多重交換機を利用します（**図3･5**）．

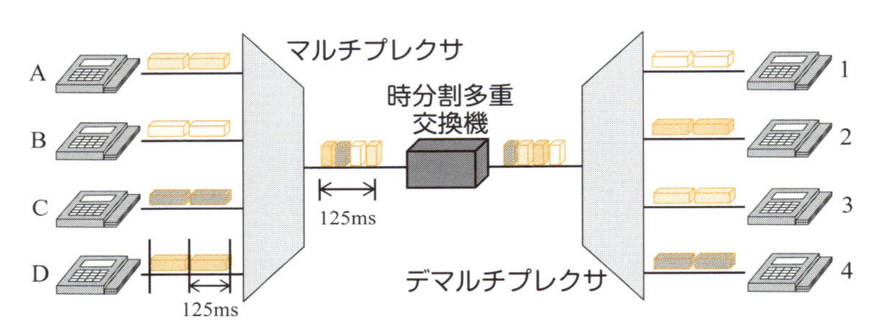

図3･5■時分割多重交換

ディジタル通信における回線交換では，コネクション設定時にフレーム内のスロットを予約できるか調べ，予約可能な場合には相手を呼び出し，予約不可能な場合には呼は受け付けられず呼損となります．通話中は，割り当てられたスロットを占有し，音声情報のやり取りを行います．通話終了時は，占有していたスロットを解放します．

（3）回線交換の通信品質

回線交換によるネットワークでは，通信に先立ち，発信端末と受信端末間にコネクションを設定し，設定されたコネクション，すなわち回線あるいはスロットを占有して情報をやり取りします．そのため，コネクション設定時には多少の時間を要するものの，いったんコネクションが設定されたのちは，ほかの通信などの影響を受けず，情報交換が可能です．

すなわち，回線交換によるネットワークでは，情報損失がなく（通信品質が高く），遅延や遅延揺らぎの少ない通信を提供できます．しかし，一つの通信で多くのネットワーク資源を占有するため，ネットワークの利用効率は高くなく，また，ネットワーク資源を無限に用意することは難しいので，利用可能な資源を使い果たすと新たな呼は受け付けられず呼損となります．利用者数や利用頻度などから，どれくらいのネットワーク資源を用意すればどの程度呼損数を減らすことができるかを数学的に求めることもできます（3-4 節で詳しく説明します）．

3 パケット交換

(1) パケット交換とは

コンピュータ間のデータ通信を例にパケット交換について説明します．コンピュータ間のデータ通信では，送信するデータが発生するたびにデータをパケットと呼ばれるブロックに分割し，パケットごとに宛先などを記したヘッダを付加して送出します．途中のノードでヘッダの宛先を読み取り適切な出力線に送出していき，最終的に宛先に届けます．このしくみをパケット交換と呼びます．

電話では，呼が発生してから終了するまで一定の時間データを発信するため，データ送信の開始と終了がはっきりしています．一方，コンピュータ間のデータ通信においては，一連のデータ通信の途中でもデータを送信する期間が一定でなく，また次のデータ送信までの時間の長さもまちまちです．例えば，Web アクセスではリクエストを送信してドキュメント（データ）を受け取りますが，そのデータ量はドキュメントの大きさによって変わります．また次のリクエストまでの時間間隔も未定です．このように送信時間，送信間隔が一定でなく間欠的なデータ送信をする性質をバースト性と呼びます．

このようにバースト性をもつ通信を行うには，回線交換ではなく，パケット交換が向いています．回線交換の利用では，回線を確保するにもかかわらずデータが発生しない期間は使われないままとなるため，利用効率が低下します．また，コネクション設定が必要なので，短時間の通信であれば，その設定にかかる時間のオーバヘッドが無視できなくなります．逆に，パケット交換では，データ発生がない場合にパケットを送信しないので，ネットワーク資源を無駄にしません．また，データ発生ごとにパケットを生成して送信するので短時間の通信の場合にもオーバヘッドが小さくて済みます．

(2) パケット交換のノード処理

パケット交換では，回線交換のようにフレームやスロットを割り当てることはありません．それぞれのパケットに付加された宛先などが記されたヘッダを読み取り，適切な出力線を決定します．通常は，最も早く相手に届く出力線を選びます．これを**ルーティング制御**と呼びます．出力線が決定するまで，パケットはいったんメモリに格納されて処理を待ちます．その後，適切な出力線に出力されます．すなわち，ノードでいったん格納されて（ストア）転送される（フォワード）ため，これを**ストアアンドフォワード**と呼びます．さらに，各出力線にはパケットを一つずつ送出するため，同じ出力線に送出されるパケットが同時に複数個到着すると，それらのパケットは**バッファ**と呼ばれるメモリ領域に格納されます．バッファに格納されたパケットは，順に出力線から送出されます（**図3・6**）．

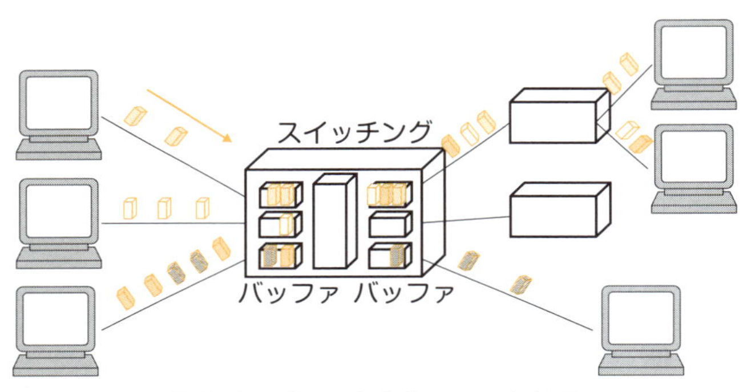

図 3・6■パケット交換のノード処理

ノードでは，パケットヘッダの宛先から適切な出力線に出力しますが，一つの通信では同じ宛先をもつパケットが比較的連続して到着することが考えられますので，最初のパケットが到着した際に，宛先と出力線を対応させたテーブル（表）を作成し，その後のパケットはその表に従って転送します．これによりルーティング制御の簡素化，高速化を図ります．

（3）パケット交換の通信品質

パケット交換ではデータが発生するたびにパケットを生成して転送するため，ネットワークへの流入制限を行っていない限り，ネットワークが混雑することがあります．出力線が混んできた場合であっても，ノードにおいてバッファを利用することによりある程度は混雑を吸収することができますが，バッファ容量は有限であるため混雑の程度によってはバッファ容量を超えるパケットが到着するかもしれません．このような場合には，パケットが失われてしまいます．これを**パケット損失**（ロス）と呼びます．

補足⇒「ストアアンドフォワード」：store and forward

また，混雑時におけるバッファでの待合せ，あるいは混雑していなくてもストアアンドフォワードによってパケット配送に必ず遅延が生じます．さらに，混雑したりしなかったりすることや，ほかのトラヒックの状況により遅延時間の揺らぎが生じます．

パケット交換ではパケット損失の発生を避けられないので，パケットが失われたときの対処を考えておく必要があります．つまり，信頼性の必要な通信の場合には，失われたパケットを再び転送することにより信頼性の向上を図ります．しかしながら，パケットの再送により遅延は増大します．信頼性よりリアルタイム性を重視する通信の場合には，再送しないという選択もあります．

まとめ

回線交換は，通信開始前にコネクション設定を行い，ネットワーク資源（回線）を確保してからデータ転送を行います．信頼性が高く，遅延も少ない転送が可能ですが，コネクション設定に時間を要し，また，ネットワークの利用効率は高くありません．

パケット交換は，通信要求とともにデータ送信を開始します．データはパケットに分割され，パケットごとに宛先が記されたヘッダを付加して転送します．ノードでの処理などにより，パケット損失や遅延，遅延揺らぎが生じますが，設定時間なく直ちにデータ転送でき，ネットワークの利用効率は高くなります．

通信サービスは，これらの特性を考慮してどの交換方式を利用するかを決める必要があります．

例題 1

音声通信を回線交換（時分割多重交換）で実現する場合，ディジタル化された音声情報がスロットごとに分割されて転送される．音声通信をパケット交換で実現する場合，同様に音声情報はパケットに分割して転送される．前者には分割されたデータごとに宛先などの情報を付加しないが，後者には宛先などの情報を付加する．その違いについて説明しなさい．

解答 回線交換の場合は，事前にコネクション設定を行うことにより，各スロットをどのコネクションが利用するか決めます．すなわち，コネクション設定時に各スロットの宛先が決められます．そのため，転送するデータごとに宛先を付加する必要はありません．パケット交換の場合は，スロットなどを事前に割り当てることをせずにデータ発生のたびにパケットを生成して送出します．そのため，パケットごとに宛先を付加する必要があります．

3-2 コネクション型とコネクションレス型のネットワーク

キーポイント

ネットワークは，通信開始前にコネクション設定を行うか否かによってコネクション型ネットワークとコネクションレス型ネットワークに分類できます．回線交換は，コネクション型ネットワークですが，パケット交換には，仮想的に回線を設定するコネクション型ネットワークとインターネットに代表されるコネクションレス型ネットワークの両方がありますので，その違いを理解しましょう．

1 コネクション型ネットワーク

通信の設定方式に着目すると，情報通信ネットワークは，コネクション型ネットワークとコネクションレス型ネットワークに分けることができます．コネクション型ネットワークは，通信開始に先立って情報送受信端末間でコネクションの設定を行い，コネクションが確立されたのちに実際の通信を開始します．通信の終了時にもコネクションの解放処理を行います．

コネクション型ネットワークの代表例として，電話ネットワークがあります．電話ネットワークでは，情報発信端末（電話）からの通信要求（呼）を受け取ると，情報発信端末と情報受信端末の間でネットワーク資源が提供可能かを調べます．資源を提供可能な場合には，その資源を予約し，受信端末を呼び出し，同時に発信端末に呼出し音を送出します．受信端末が応答すると，コネクションが設定されます．情報発信端末からの通信要求から受信端末が応答するまでのプロセスをコネクション設定と呼びます．

コネクション設定において，ほかの通信によってネットワーク資源または受信端末がすでに使用中である場合には，新たな呼は受け付けられず，話中音を発信端末に送出します．コネクションが設定されたのちは，そのコネクションを用いて通信（音声通話）が開始されます．コネクションによって，端末どうしが接続されているので，端末はコネクションに沿ってデータを転送すれば，相手端末に届けることができます．すなわち，転送するデータごとに宛先を付与する必要はありません．また，通信が終了すると，占有していた資源を解放するコネクション解放が行われます．

すなわち，コネクション型ネットワークにおいては，コネクション設定フェーズ，ユーザ情報転送（通話）フェーズ，コネクション解放フェーズの三つの手続

補足➡「話中音」：busy tone

きを手順に従って実行することによって，通信を行います．

コネクション型ネットワークでは，コネクション設定によりネットワーク資源を確保してから通信を行うため，通信品質を保証することが容易です．資源が不足するなど通信品質の保証が困難な場合には，コネクション設定を拒否することがあります．また，コネクション設定を行うため，通信開始までにある程度の時間を要します．そのため，コネクション時間の短い通信にとってはコネクション設定の時間オーバヘッドが無視できなくなります．

ここで，代表的な3種類のコネクション型ネットワークについて説明します．

(1) 回線交換ネットワーク

3-1節で述べたように，回線交換を用いたネットワークで電話ネットワークを実現するのが回線交換ネットワークです．回線交換ネットワークでは，通信に先立ち，ネットワーク資源である回線を確保し，通信サービスを提供します．

図3・7に回線交換ネットワークのコネクション設定手順を示します．

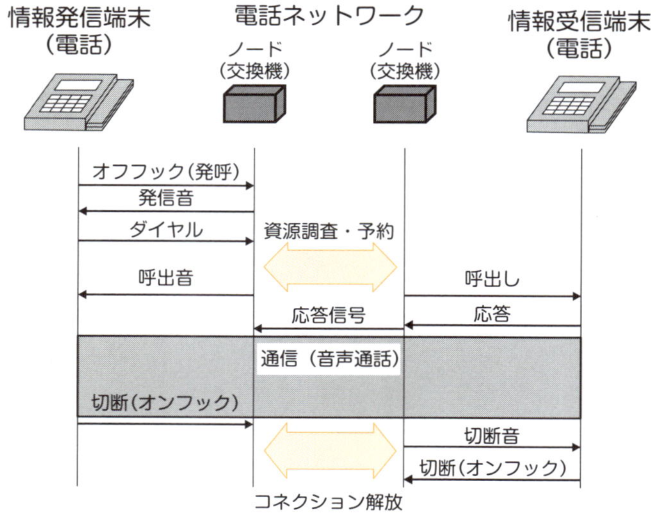

図3・7■回線交換ネットワークにおけるコネクション設定手順

(2) X.25パケットネットワーク

コネクション型ネットワークをパケット交換ネットワークで実現することも可能です．パケット交換ネットワークでは，通信に先立ちネットワーク資源である帯域を確保し，仮想的な回線を設定して通信サービスを提供します．すなわち，パケットネットワークは呼ごとに占有回線をもたないので，パケット交換ノードのバッファメモリ帯域の予約を行うことにより，回線交換ネットワークと同様のネットワーク資源の確保を行っています．これにより，回線交換ネットワークと同様の通信品質（QoS）を保証することが可能になります．

図3･8にX.25パケットネットワークのコネクション設定手順を示します．

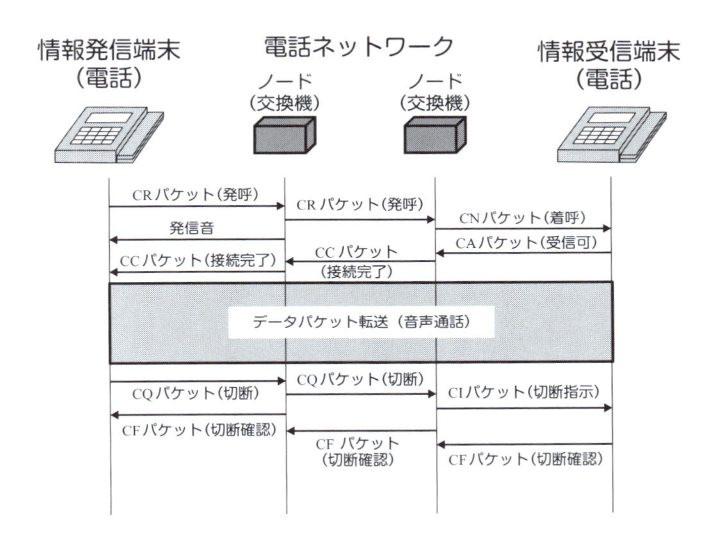

図3･8■X.25パケットネットワークにおけるコネクション設定手順

（3）ATMネットワーク

ATMネットワークは，セルと呼ばれる固定長（ペイロード48バイト，ヘッダ5バイト）の小さなデータを単位としてデータ転送を行うネットワークです．広帯域ISDNを実現するためのネットワークで，回線交換，パケット交換，双方を単一ネットワークでサポートするため，通信に先立って仮想的な回線を設定して通信サービスを提供します．具体的にはノード間に仮想パスを設定し，エンド端末間に仮想チャネルを設定することにより，回線交換ネットワークと同様にネットワーク資源の確保を行います．通信に先立ち，仮想パス，仮想チャネルを設定することにより，通信品質を保証することが可能になります．**図3･9**にATMネットワークの概念図を示します．

補足⇒「QoS」：Quality of Service,「広帯域ISDN」：broadband integrated services digital network,「仮想パス」：virtual path,「仮想チャネル」：virtual channel

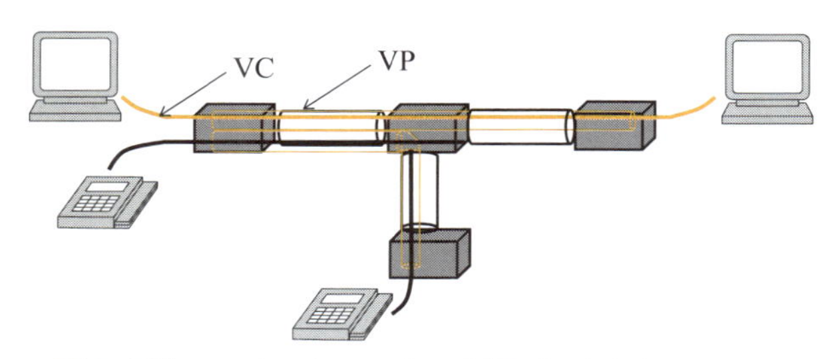

図 3·9■ATMネットワークの仮想パスと仮想チャネル

2 コネクションレス型ネットワーク

もう一方のコネクションレス型ネットワークは，通信の開始前に通信端末間でコネクション設定を行うコネクション型ネットワークと異なり，通信の開始前に通信端末間でコネクション設定を行わず，データの発生のたびにデータ送信を行います．コネクション設定を行わないため，送信するデータごとに宛先を付与し，途中のノードで宛先を読み取り出力ポートを判断し，データを転送していく必要があります．

コネクションレス型ネットワークはユーザ情報転送フェーズのみの手続きによって通信が行われます．すなわち，データグラム通信により情報転送が行われます．データグラムとは，宛先に転送できるかどうか確認できなくても，データを転送するベストエフォート方式を意味します．

インターネットは，コネクションレス型ネットワークの代表例といえます．例えば，メールサービスを利用する場合を考えましょう．メーラ（メールサービスを提供するアプリケーション）を起動すると，あらかじめ設定されたメールサーバに直ちにアクセスしようとします．つまり，ネットワーク資源やメールサーバの処理能力に余裕があるかどうかの確認なしに，メール受信リクエストなどのデータを送出します．メールサーバとネットワークに余裕があれば（輻輳(ふくそう)がなければ），直ちにレスポンスが返ってきます．もしどちらかが輻輳している場合には，リクエスト処理が待たされることになります．一定時間待ってレスポンスがなければ，タイムアウトが生じエラーメッセージが表示されます．

このようにコネクションレス型ネットワークでは，通信開始前に資源の確保を行わないため，端末が資源を利用可能かわからないままデータを送出します．そのため，データや処理要求が能力を超えてネットワークやサーバに到着すると，ネットワークやサーバに輻輳が生じることが考えられます．輻輳が発生した場合には，通信品質を保証することができなくなります．その場合には，必要に応じて上位層などで品質保証を行います．例えば，輻輳によりデータが失われた場合には，データを再送するなどにより信頼性の向上を図ります．一方，要求が発生するとただちにデータを送出するため，コネクション時間が短い通信の場合でもコネクション設定にかかる時間オーバヘッドがなく，効率的な通信を行うことができます．

表 3·1 に，コネクション型ネットワークとコネクションレス型ネットワークの特徴をまとめます．

表 3·1■コネクション型ネットワークとコネクションレス型ネットワークの特徴

コネクション型／コネクションレス型	コネクション型			コネクションレス型
ネットワーク種別	回線交換	X.25 パケット	ATM	パケット
保留単位	呼	X.25 パケット	セル	データグラム
即時／待時	即時	待時	待時	待時
転送遅延	極小	大	小	小
ネットワーク利用効率	小	大	大	大
データ長	―	可変長	固定長	可変長
回線／チャネル	回線	仮想回線	仮想チャネル	なし

まとめ

情報通信ネットワークは，通信の設定方式によりコネクション型ネットワークとコネクションレス型ネットワークに分けることができます．コネクション型ネットワークは，通信開始に先立って情報送受信端末間でコネクションの設定を行い，資源を確保してから実際の通信を開始します．コネクションレス型ネットワークは，通信の開始と同時にデータを送出し，資源の確保を行いません．

コネクション型ネットワークは，通信品質を保証しやすい反面，コネクション設定に時間を要します．コネクションレス型ネットワークは，通信品質を保証しにくいですが，データを直ちに送信することができます．

例題 2

コネクションレス型ネットワークにおいて，輻輳を回避するための手法について調べなさい．

解答 例えば，コネクションレス型ネットワークの代表であるインターネットでは，TCP（Transmission Control Protocol）というプロトコルでフロー制御とあわせて輻輳制御を実現しています．ネットワークの混雑状況に応じて，一度に連続して送信できるパケット量（ウィンドウサイズ）を調整して送信することによって輻輳を回避します．詳しくは6-2節で説明します．

3-3 ネットワークトポロジー

キーポイント

ネットワークにおいて，機器をどのように接続するかによって，物理的な形状が決まります．また，ネットワークにおいて，どのように情報を伝達するかによって論理的な構成が決まります．通信の範囲や目的によって，通信形態は個別配線型トポロジーとメディア共有型トポロジーの二つに分類されます．メディア共有型トポロジーでは，リンクを共有するため，設置，拡張は比較的容易ですが，複雑な制御が必要になります．また，物理的な構成と通信で利用する経路の構成が一致しないため，物理トポロジーと論理トポロジーを区別します．

1 ネットワークの構成要素と通信形態

(1) ネットワークの構成要素

最初に，ネットワークを構成する基本機能と要素について説明します．ネットワークを構成する基本要素は次の三つです（**図 3・10**）．

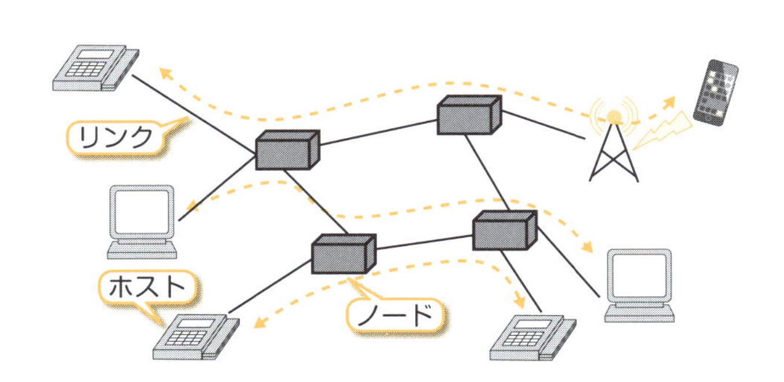

図 3・10■ネットワークの構成要素

① ホスト

コンピュータ，あるいは電話などの情報を送受信する端末を指します．現在では，コンピュータや電話に限らず，ネットワークに接続されて情報を送受信する機器が多数存在しており，それらをすべて含みます．ユーザ端末，エンドホストと呼ぶこともあります．

② ノード

ネットワークの内部に配置され，情報を中継する機能を有する装置を指します．

プロコルの階層によって，ルータ，スイッチ，ブリッジ，リピータなどと分けて呼ぶことがあります．交換機と呼ぶこともあります．

③　リンク

ノード間，ホスト－ノード間を接続して情報を伝送するメディアを指します．リンクは，有線に限らず，無線や衛星通信なども含みます．リンク容量は，帯域と呼ぶことがあります．また，ホストからリンクやノードを通じて相手のホストに通じるホスト間の経路を通信経路と呼びます．

（2）ネットワークの通信形態

ネットワークにおいて，上記の３要素をどのように接続するかによって，物理的な形状が決まります．また，どのように情報を伝達するかによって論理的な構成が決まります．この物理的な形状をトポロジーと呼び，ネットワークのトポロジーには**図 3･11** に示すようなものがあげられます．

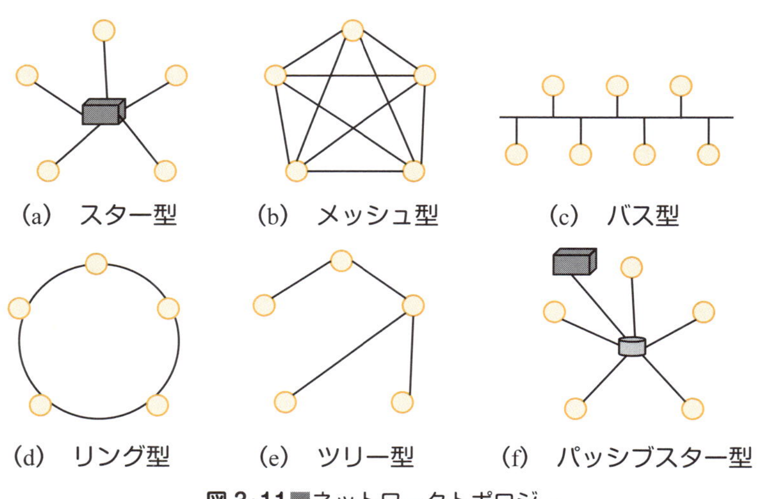

図 3･11■ネットワークトポロジー

また，リンクをどのように利用するかによって，個別配線型トポロジーとメディア共有型トポロジーに分けることができます．リンクを占有して利用することが可能な場合は個別配線型トポロジー，リンクを複数のコネクションで共有して利用する場合はメディア共有型トポロジーです．

2 個別配線型トポロジーとメディア共有型トポロジー

(1) 個別配線型トポロジー

個別配線型トポロジーには，スター型，メッシュ型などが相当します．個別配線型トポロジーは，リンクメディアを占有利用するポイントツーポイントの接続形態です．そのため，リンクの最大利用可能帯域をホスト間の伝送帯域に割り当てることができます．

スター型は，電話ネットワークの加入者線の配線に用いられています．メッシュ型は，サーバ系 LAN によく用いられています．

(2) メディア共有型トポロジー

メディア共有型トポロジーには，バス型，リング型，ツリー型，パッシブスター型が相当します．複数のホストでリンクを共同利用するため，リンクメディアの利用可能帯域をホスト数で割った値がホスト当たりの平均利用可能帯域となります．

バス型，リング型は，イーサネットの LAN で広く用いられています．ツリー型は，ケーブルテレビなどで用いられています．パッシブスター型は，FTTH において光パッシブアクセスを行うときに用いられます．

メディア共有型トポロジーにおいては，伝送メディアを共同利用するため，配線に大きな手間をかけずにホストの増設が可能であり，必要なケーブル量が個別配線型に比べて少なくて済みます．しかしながら，一つのネットワークをすべての端末で共有するため，複数のホストが同時にデータを送信するとデータの衝突が発生し，正しく送受信ができなくなります．そのため，データの送受信を行いたいホストから見ると，データが衝突した際の対処の方法などを規定しておく必要があります．ネットワークの性能からみると，一つのネットワークを複数の端末で共有していることから，一つのネットワークを占有している場合に比べ，低く抑えられます．

3 物理トポロジーと論理トポロジー

個別配線型トポロジーでは，リンクとホスト間コネクションが 1 対 1 に対応していますが，メディア共有型トポロジーでは，リンクとホスト間コネクションが 1 対 1 に対応していません．すなわち，同一のリンク上に通信ホストが異なるコ

補足⇒「FTTH」：fiber to the home

ネクションが共存することになります．したがって，一つのリンク上にホスト間コネクションのための複数の通信チャネルを設定する必要があります．

このようにメディア共有型トポロジーでは，物理トポロジーと通信に利用されるコネクションの経路トポロジーが一致していません．通信に利用されているコネクションの経路を論理トポロジーと呼びます．

図 3･12 にリング型物理トポロジーネットワークにおけるスター型論理トポロジーの構成例を示します．

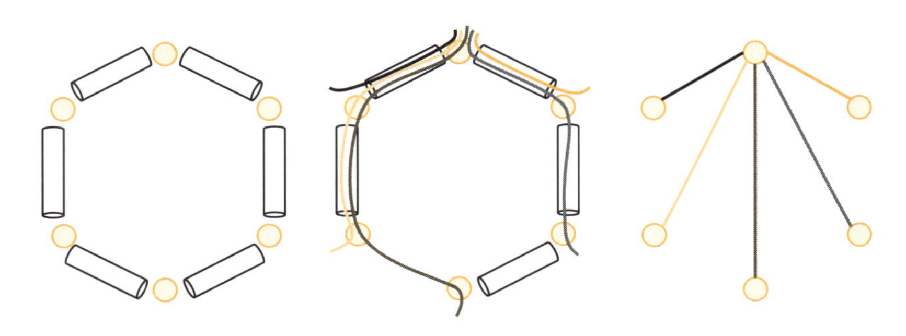

図 3･12 リング型物理トポロジーネットワークにおけるスター型論理トポロジーの構成例

まとめ

ネットワークトポロジーには，個別配線型トポロジーとメディア共有型トポロジーがあります．それぞれ物理的なトポロジーと通信で利用する論理的なトポロジーを区別して考える必要があります．

例題 3

メディア共有型トポロジーにおいては，一つのネットワークをすべてのホストで共有するため，複数のホストが同時にデータを送出するとデータの衝突が発生し，正しく送受信できなくなる．これらを解決する手法について調べなさい．

解答 この解決手法をメディアアクセス制御（Media Access Control）と呼びます．例えば，インターネットで用いられているイーサネットでは，CSMA/CD（Carrier Sense Multiple Access with Collision Detection）という手法が用いられています．ホストが送信を開始する前に他のホストが送信をしていないか確かめてから送信を開始し，送信中も衝突がないかを監視します．衝突が生じたら直ちに送信を停止し，しばらく待機したのちに再び送信を行います．詳しくは5-2節で述べます．

3-4 ネットワークの基本設計

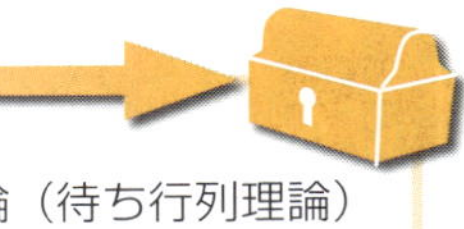

キーポイント

ネットワークの基本設計をするための，通信トラヒック理論（待ち行列理論）について学びます．呼の到着間隔分布，保留時間分布，サーバ数，待合室数がわかるとネットワークの性能を評価することができます．ここで説明している待ち行列モデルは基本的なものなので，しっかり理解しましょう．

1 トラヒックとスループット

（1）トラヒック

トラヒックは，もともと交通（量），通行（量）を意味します．情報通信ネットワークにおいてのトラヒックは，ネットワークに送出される情報の総容量を意味します．

パケットネットワークでは，ノードでのパケットどうしの衝突やネットワークの輻輳によるバッファあふれなどの要因によって，ネットワーク内でパケットが失われることがあります．そのため，ネットワークが運ぶことのできるトラヒックの速度は，ネットワークの物理速度に比べ遅くなります．

（2）スループット

スループットとは，単位時間に送出されたパケットのうち，正常に受信側に到着したパケットの総量，つまり，単位時間当たりの実効情報伝送量を指します．すなわち，ネットワークの物理速度から，プロトコルのオーバヘッドやバッファあふれによる処理遅延の影響による速度低下を差し引いた実効通信速度のことを指します．

スループットの最大値は，ネットワークの物理速度からプロトコルのオーバヘッドを除いた速度になります．したがって，スループットが最大になるためには，ネットワーク内でパケットどうしの衝突がなく，かつ，伝送路上にパケットが無駄なく連続して転送されていることが必要です．すなわち，ネットワーク内にパケットが隙間なく連続して送出され，すべてのノードで衝突もなく，隙間なくルーティングあるいはスイッチングされ，伝送路が完全に利用されていることが条件です．しかしながら，実際のネットワークを考えると，このような状況は実現できません．

スループットは，単位時間当たりの実効情報伝送量ですので，単位は bps で

補足→「トラヒック」：traffic,「スループット」：throughput

表します．理論上の最大スループットを1として正規化した数値で表す場合もあります．

2 通信トラヒック理論

(1) ネットワーク設計と通信トラヒック理論

情報通信ネットワークは，多数のユーザによって利用されます．ユーザごとに専用設備を設けるなど，十分な資源を用意すれば，待ち時間やデータ損失のない通信をすることが可能ですが，非常にコストがかかり経済的ではありません．逆に，ネットワーク資源を少なくすると経済的ですが，待ち時間が増え，データ損失が頻繁に発生する性能の低いネットワークとなります．そのため，経済性を損なうことなく，ユーザの通信サービス品質をある一定の水準に保つ必要があります．すなわち，ネットワークシステムの性能とコストのバランスを考えたネットワークを設計する必要があります．

トラヒックには変動があります．1日のうちでもビジネスタイムにはトラヒックが増加し，深夜から早朝にかけてのトラヒックは減少します．これらの定常的なトラヒック変動に加え，災害時や緊急時には，突然の大量の呼が発生します．また，ある時刻に電話やオンラインによるチケット販売が実施されると，その販売サイトに向かって大量の呼やデータ通信が発生します．これらの大量の通信要求に対して，ネットワーク資源が十分でない場合には，ネットワークやサーバが混んで処理が追いつかない状態，いわゆる輻輳が発生します．

ネットワークを設計する場合に，想定されるトラヒックの瞬間最大値に合わせてネットワーク資源を用意すると，輻輳になる確率を低く抑えることができます．しかし，その現象が発生する可能性が低い場合には，ネットワークの利用効率は非常に低くなり，経済的ではありません．したがって，トラヒックの変動を意識しつつ，輻輳状態が長期的に継続しない程度のネットワーク資源量で運用することができると，もっとも経済的なネットワークシステムであるといえます．

通信トラヒック理論は，このようなネットワーク設計を行うために，ユーザのトラヒック量（およびその変動量）とネットワーク設備（資源）からネットワークシステムの性能を定量的に明らかにする理論です．通信トラヒックに限らず，一般的な輻輳状態を扱う理論を**待ち行列理論**といいます．

(2) トラヒック量と呼量

一つの呼が発生してから終了するまでの時間を呼の保留時間といいます．ある時刻 t から T 時間に C 個の呼が発生し，それぞれの呼が平均 h 時間保留したとすると，T 時間内にネットワークに流れるトラヒックの総量は Ch となります．これをトラヒック量と呼びます．

呼量 a は，単位時間当たりのトラヒック量，すなわち Ch/T で表すことができます．単位時間当たりの発生呼数 C/T を c とおくと呼量 a は ch となります．呼量の単位は erl（アーラン）で表します．1erl は，1 回線が運ぶことのできる最大の呼量となります．例えば，1 時間に呼が 4 個発生し，平均保留時間が 1/4 時間の場合，1erl になります．つまり，15 分おきに呼が 1 個発生し，15 分でちょうど呼が終了し，終了した時点で次の呼が発生し，15 分で終了する，これを正確に繰り返すことではじめて 1erl が達成できます．実際のネットワークシステムを考えた場合，正確な時間間隔で到着すること，保留時間が一定時間ということは考えにくいため，1 回線で 1erl の呼量を運ぶことは現実的ではありません．

3 確率分布

(1) ポアソン分布

呼が発生する過程を考えます．一般に呼は，ほかの呼の状況に依存せず独立で，ランダムに発生すると考えられます．次の三つの条件を満たす確率課程をポアソン過程と呼びます．

① 呼の発生は独立である．それ以前の呼の発生とは無関係である（独立性，マルコフ性）．

② 微小な観測期間 $\varDelta t$ の間に呼が発生する確率は一定である（定常性）．

③ 微小な観測期間 $\varDelta t$ の間に複数の呼が発生しない．複数の呼が発生する確率は無視できるほど小さい（希少性）．

呼の平均到着率（単位時間当たりの平均発生呼数）を λ とします．観測期間 t の間に k 個の呼が到着する確率は次の式で表すことができます．この確率分布を平均 λt の**ポアソン分布**と呼びます．

$$P_k(t) = \frac{(\lambda t)^k}{k!} e^{-\lambda t} \tag{3·1}$$

(2) 指数分布

次に，呼の到着間隔を考えます．呼の到着間隔 T が t 以下である確率は，式(3･1) より次のように求まります．この確率分布を平均 λt の指数分布と呼びます．

$$P(T \leqq t) = 1 - P_0(T > t) = 1 - \frac{(\lambda t)^0}{0!} e^{-\lambda t} = 1 - e^{-\lambda t} \tag{3･2}$$

以上より，呼の発生がポアソン分布に従うことと呼の到着間隔が指数分布に従うことは同じことを表していることがわかります．

また，呼の保留時間についても指数分布となることがわかっています．平均保留時間を h とすると，呼のサービス率 μ は $\mu = 1/h$ で表すことができます．呼の保留時間が t 以下になる確率 $H(t)$ は次式で与えられます．

$$H(t) = 1 - e^{-\mu t} \tag{3･3}$$

4 待ち行列のモデル化とケンドールの記法

図 3･13 に待ち行列モデルを示します．待ち行列のモデル化に必要な要素は，呼の到着過程，呼の保留時間分布，サーバ数（回線数），待合室数です．待ち行列モデルは，これらで識別されます．そこで，待ち行列モデルではケンドールの記法が用いられます．

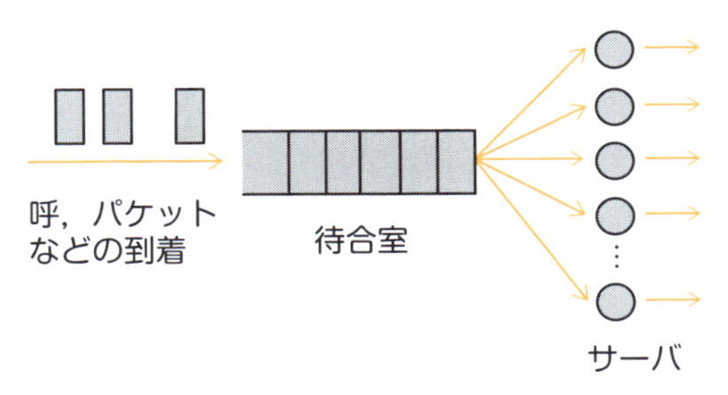

図 3･13■待ち行列モデル

ケンドールの記法は

到着間隔分布/保留時間分布/サーバ数(待合室数)

です．例えば，到着間隔分布や保留時間分布において，ポアソン分布や指数分布に従う場合は M，一定の間隔の場合は D，分布系を指定しない場合は G を用います．例えば，$M/M/1$ は，呼の到着がポアソン分布，呼のサービス時間分布が指数分布に従い，待合室が無限大の単一サーバの待ち行列モデルを表しています．待合室が有限数 N の場合は，$M/M/1\ (N)$ と表記します．

ここで，待合室がある場合とない場合を考えます．待合室がない場合は，すべてのサーバが処理を行っているときに新しい呼が到着すると，直ちに呼損となります．待合室がある場合には，サーバがいっぱいになっても待合室で待機し，サーバが空き次第処理が行われます．前者を即時系，後者を待時系と呼びます．

5 即時系ネットワークの解析

即時系ネットワークでは，ネットワーク資源が輻輳状態にある場合には，新たに到着する呼は受け付けられず呼損となります．即時系ネットワークのネットワーク設計においては，呼損率を性能指標として扱います．すなわち，目標呼損率から必要な回線数を決定します．

ここで，呼の到着が平均 λ のポアソン分布，呼の保留時間が平均 $1/\mu$ の指数分布，サーバ数 S の場合の $M/M/S\ (0)$ モデルについて考えます．呼量は $a=\lambda\times 1/\mu$ で表されます．出線上の同時接続数が r 本の状態確率を P_r とします．**図 3・14** に示した状態遷移図から解析すると，次式が導き出されます．

$$P_r=\frac{\dfrac{a^s}{r!}}{1+\dfrac{a}{1!}+\dfrac{a^2}{2!}+\cdots+\dfrac{a^s}{S!}} \tag{3・4}$$

呼損率 B は，S 回線が使われている確率 P_s に等しいので，呼損率 B は

$$B=\frac{\dfrac{a^s}{S!}}{1+\dfrac{a}{1!}+\dfrac{a^2}{2!}+\cdots+\dfrac{a^s}{S!}} \tag{3・5}$$

となります．この式（3・5）をアーラン B 式と呼びます．

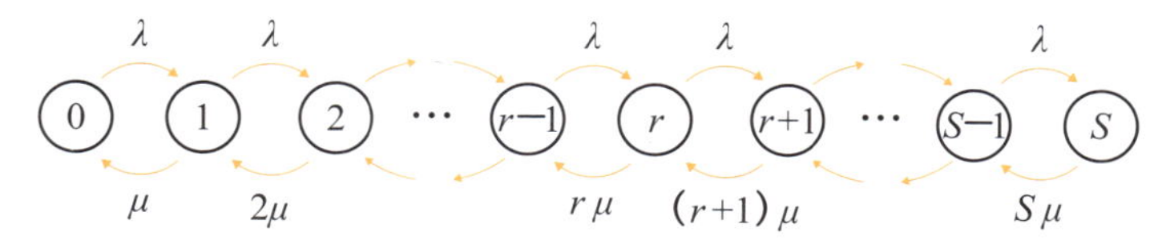

図 3・14■即時系の状態遷移図

6 待時系ネットワークの解析

待時系ネットワークでは，待合室での待ちが許されるので，ネットワーク資源が輻輳状態にあっても待合せ，資源が利用可能になった時点でサービスを受けることができます．そのため，待時系ネットワークのネットワーク設計においては，遅延時間と待合室あふれ率を評価指標に用います．すなわち，最もトラヒックの多いときに必要な待合室数を決定します．

(1) M/M/1

ここで，呼の到着が平均λのポアソン分布，呼の保留時間が平均$1/\mu$の指数分布，サーバ数1の場合の$M/M/1$モデルについて考えます．**図3･15**に示す状態遷移図を用いて解析を行います．状態遷移を表現すると次式で表せます．

$$\left.\begin{aligned}&\lambda P_0=\mu P_1\\&(\lambda+\mu)P_1=\lambda P_0+\mu P_2\\&(\lambda+\mu)P_2=\lambda P_1+\mu P_3\\&\qquad\vdots\end{aligned}\right\}\tag{3･6}$$

これらの式を解くと次式が得られます．

$$\left.\begin{aligned}&P_0=1-\frac{\lambda}{\mu}\\&P_r=\left(1-\frac{\lambda}{\mu}\right)\left(\frac{\lambda}{\mu}\right)^r\end{aligned}\right\}\tag{3･7}$$

次にシステムの系内呼数をLとすると

$$L=\sum_{r=0}^{\infty}rP_r=\left(1-\frac{\lambda}{\mu}\right)\sum_{r=0}^{\infty}r\left(\frac{\lambda}{\mu}\right)^r=\frac{\dfrac{\lambda}{\mu}}{1-\dfrac{\lambda}{\mu}}\tag{3･8}$$

が得られます．呼が到着してからサービスを開始するまでの待ち時間をW_qとすると，平均系内時間はW_q+hで求められます．平均系内呼数Lは平均系内時間

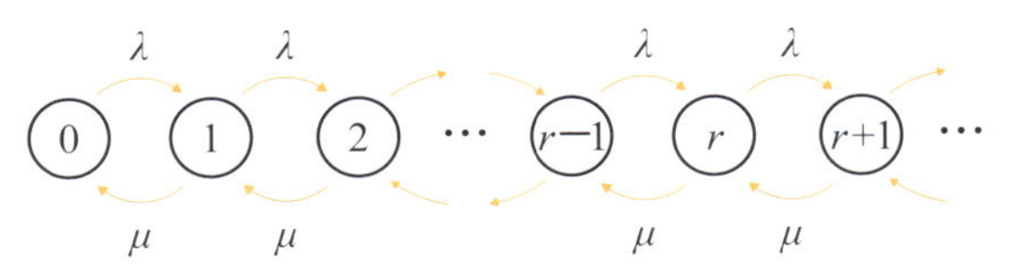

図3･15■*M/M/*1の状態遷移図

に生じた呼数の平均値と考えることができるので，次式が成立します．

$$L=\lambda(W_q+h) \tag{3·9}$$

これを**リトルの公式**と呼びます．

（2）*M*/*M*/1（*N*）

前項とほぼ同じですが，待合室が有限になります．呼損率は，$r=N$の状態確率から求まり，次式のようになります．

$$\left.\begin{aligned}P_0&=\frac{1-\dfrac{\lambda}{\mu}}{1-\left(\dfrac{\lambda}{\mu}\right)^{N+1}}\\ P_r&=\frac{\left(1-\dfrac{\lambda}{\mu}\right)\left(\dfrac{\lambda}{\mu}\right)^{r}}{1-\left(\dfrac{\lambda}{\mu}\right)^{N+1}}\\ P_N&=\frac{\left(1-\dfrac{\lambda}{\mu}\right)\left(\dfrac{\lambda}{\mu}\right)^{N}}{1-\left(\dfrac{\lambda}{\mu}\right)^{N+1}}\end{aligned}\right\} \tag{3·10}$$

状態遷移図は**図 3·16** のようになります．

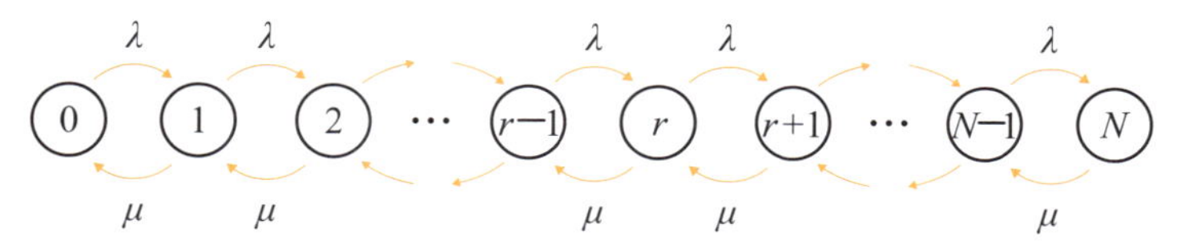

図 3·16 *M*/*M*/1（*N*）の状態遷移図

まとめ

ネットワークの基本設計を理解するため，通信トラヒック理論（待ち行列理論）について学びました．トラヒックの状況とネットワーク資源からネットワーク性能を計算することができます．ネットワーク設計は，想定したトラヒックを与えた場合に要求される性能を満たすのに必要なネットワーク資源を決定することです．

例題 4

$M/M/1$ の待ち行列モデルにおいて，呼の到着が平均 $\lambda = 1.0$ のポアソン分布，呼の保留時間が平均 $1/\mu = 2.0$ の場合どのようになるか説明しなさい．

解答 呼量 $a = \lambda / \mu = 2.0$erl となります．$M/M/1$ 待ち行列モデルではサーバが一つで 1erl の呼量しか処理できませんので，それ以上の呼量が与えられた場合には待ち行列が無限大に大きくなります．$M/M/1$ で解析可能なのは，$a < 1$erl の場合に限られます．

参考文献

[1] 淺谷耕一：ネットワーク技術の基礎と応用　―ICT の基本から QoS，IP 電話，NGN まで―，コロナ社（2007）
[2] 村田正幸・長谷川剛：コンピュータネットワークの構成学，共立出版（2011）
[3] 菅原真司：基本を学ぶ　コンピュータネットワーク，オーム社（2012）
[4] 西園敏弘・増田悦夫・宮保憲治：InfoCom Be-TEXT　情報ネットワーク，オーム社（2011）
[5] 滝根哲哉　編著：OHM 大学テキスト　情報通信ネットワーク，オーム社（2013）
[6] 佐藤健一　編著:新インターユニバーシティ　情報ネットワーク，オーム社（2011）

練習問題

① 回線交換とパケット交換の違いについて述べなさい．　易☆☆☆難

② パケット交換ネットワークでコネクション型ネットワークを実現する方法について述べなさい．　易☆☆☆難

③ 4ノードが接続されたバス型の物理トポロジーにおいてスター型の論理トポロジーを構成しなさい．　易☆☆☆難

④ 呼の到着が平均 $\lambda = 2.0$ のポアソン分布，保留時間が平均 $1/\mu = 0.2$ の指数分布，サーバ数1の場合に平均系内呼数および平均系内時間を求めなさい．　易☆☆☆難

Date　・　・

4章

通信ネットワークの階層構造

端末間で情報を交換するためには，ケーブルの種類や信号ピンの使い方に関する物理的な規定から，情報をディジタル符号で表現する方法や交換する手順といった抽象的な規定まで，さまざまな規定（プロトコル）を決める必要があります．ところが，アプリケーションにより必要な通信機能は異なり，１組の規定ですべてのアプリケーションに対応することはできません．このため，通信に必要な機能を，わかりやすい単位でまとめ，各種のアプリケーションの要求に合わせて，機械の部品のように組み合わせて使用できると便利です．４章では，通信に必要な機能を，どのように部品化し，規定しているのか，その考え方を学びます．

4-1 通信プロトコルの基本的な考え方

キーポイント

通信プロトコルは，コンピュータどうしで送信・受信するメッセージの形式や通信手順を規定するものです．日常，使っている郵便システムや，人と人との会話などのコミュニケーションにもプロトコルがあります．人と人との会話と，コンピュータ間通信に共通するプロトコルの基本的な考え方を学びましょう．

1 情報通信とネットワークとの関係

コンピュータは，もともと情報処理を行う単独の装置として開発されました．しかしながら，１台では処理できる量や質に限界があります．そこで通信機能を付加し，多くのコンピュータと相互に通信できる環境を構築することで，新たな社会インフラ基盤が形成されました．

では，どのようにコンピュータ間で情報通信を実現するのでしょうか．そのためには，送信･受信するメッセージの形式や通信手順を規定することが必要です．ここでは，どのようにして，それらの規定が作られていったかについての背景をまず解説します．

コンピュータが相互にやりとりする情報は単なるビット列データですが，発信者と受信者が存在し，相互にその意味を認識できて初めて通信が成り立ちます．情報の受信者は，ある目的のもとで情報を収集し，収集した情報を分析加工し，適切に活用することにより，具体的な意思決定を行います．

意思決定の結果，得られた情報を活用し，付加価値を付与した別情報として発信する場合もあります．すなわち，受信者が新たな発信者になり，ネットワークを活用して情報流通を促進することにより，新しい電子情報基盤を形成することができます．

このように，情報を活用する場合には，必然的に通信が伴います．情報処理用のコンピュータに付加する通信機能を充実化することにより，電子情報社会での情報利用者の立場における利便性はますます向上しました．

補足⇒プロトコル：protocol

2 日常生活のプロトコル

コンピュータを利用したネットワークでデータ通信を行うための規約(取決め)は通信「プロトコル」と呼ばれます．もともと「プロトコル」は外交用語で，国と国との要人，大使，公使が会う場合の儀礼や典礼を意味しています．外交上の文書である議定書もプロトコル（プロトコール）と呼ばれます．

私たちの日常でも，気づかないうちに，プロトコルに従ったさまざまなコミュニケーションをしています．例えば，郵便システムや，人と人との会話，そして，当然，電話にもプロトコルがあります．

ここでは，まず，人と人との会話を例に，どのようなプロトコルがあるか考えてみましょう．

話し手の脳内には相手に伝えたい意思・内容があり，話し手は，声帯を用いて発声することによりその意思を伝えようとします．話し手の声は空気中を音波として伝わり，聞き手の耳に伝わります．このようにして話し手の音声が聞き手に伝わり，脳内で認識され，脳の言語処理機能により話し手の意志がわかります．

この一連の処理を円滑に行うためには，まず相手が理解できる言語を使用する必要があります．また，一方が話している間は他方が聞き，話が一区切りすると聞き手と話し手がその立場を交代するなどのやりとりも必要です．さらに，相手の話を理解していることを示すために，会話の途中で相槌を打ったり，聞き取れなかった場合には聞き直すこともあります．このように相互で意思を伝え合う会話には，多くの取決めがあります．相手の状況を気にせずに，一方的に話す人もいるかもしれませんが，それではコミュニケーションを上手に取ることはできません．

別の例として，海外で生活をしている相手と電話を使い，取引の話をする場面を考えてみましょう．まず，相手に電話をします．話し手は，受話器をとり，相手の電話番号をダイヤルし，相手側の電話機に呼出し音を鳴らします．相手が受話器をとると回線が繋がり，相互に会話ができるようになります．この場合も，電話機どうしのレベルで通信プロトコルが必要となります．

相手との会話を始める前には，日本語か英語かなどの使用言語の種別を取り決める必要もあります．電話での会話は，対面時とは少し違う部分もあります．例えば，相手が通話をしたい人物であるかどうかを確認するための手順（通常は認証用のプロトコルと呼ばれます）も必要になります．

取引に関わる業務では，さらに会話に使用する専門用語や知識が共有されていることが必要です．これらの共通の知識を背景とした商取引上の手順も共有されていなければなりません．当事者どうしの会話には，そのときの取引内容に応じた業務内容に関わるさまざまなプロトコルが必要になります．

3 コンピュータ通信のプロトコル

コンピュータネットワークにおける通信プロトコルは，コンピュータどうしがデータ通信を行うための規約と考えられます．実際には，コンピュータどうしでやり取りするメッセージの形式（フォーマット），送信の順序，メッセージの送受信時の動作（通信手順）などを規定する必要があります．

通常は，コンピュータ相互間であらかじめ決められた信号をやり取りして通信を行うための準備を行い，その後で，データの送受信が行われます．

ネットワークを介して通信する場合には，以下の状況を考慮することが必要です．

① 相手との通信可能性：不在かもしれない，電源がオフかもしれない

② 通信中のデータ誤り・紛失：雑音が混入するかもしれない，0/1 が判別できない

③ 相手の状態：通信中に相手装置が故障するかもしれない

このように，通信状態が良好かどうかなど，相手の状態を的確に知るために，通信プロトコルを用いて通信の開始要求・応答や相手の状態（通信状況）の問合せなどを行うことが必要です．データを正しく受け取るためには，データの送信要求に引き続き，データ受信時の誤り検出や送達確認，再送要求の機能なども必要になります．

バベルの塔をつくろうとした人たちは神様に統一言語を奪われてしまい，コミュニケーションをとることができなくなってしまいました．
いま，インターネットという巨大なネットワークのプロトコルが突然ばらばらになってしまったらどうなってしまうのでしょうか．

通信プロトコルは，コンピュータどうしで送信・受信するメッセージの形式や通信手順を規定するものです．通信プロトコルを標準化することにより，異なるコンピュータの機種間でも，自由に通信することも可能になります．私たちが日常無意識に使っている郵便や，人と人との会話にもプロトコルがあります．

電話やコンピュータの通信プロトコルを理解するためには，このような郵便や会話の場合と対比させて考えることが役立ちます．

例題 1

手紙や葉書，小包の送付で日常使っている郵便システムも通信システムの一つであり，いろいろな規約で成立しています．手紙に関する規約（約束ごと）の例を四つ以上挙げなさい．

解答 手紙には以下の規約があります．5，6 章を学習する際に，それぞれがコンピュータ通信のプロトコルのどの規約に該当するのか当てはめながら理解に役立ててください．

(1) 郵便システムが封筒の宛先を識別できるように，封筒には宛先の郵便番号，住所，氏名，送信元の郵便番号，住所 / 氏名を書きます．

(2) 郵便システムが封筒をどのように扱う必要があるか識別できるように，速達，書留など郵便の種類を書きます．

(3) 郵送には当然費用がかかります．費用を支払い済みであることを郵便システムが識別できるように，重さと大きさに応じて切手を貼ります．

(4) 効率よく郵送できるようにするため，重さと大きさには，それぞれ最大値と最小値が規定されています．

(5) 宛先が不明確な場合，「宛名不完全」とスタンプが付けられて，差出人に戻されます．

なお，手紙は通常，長方形の紙が一般的ですが，実は形状や材質に関する規約はありません．重さと大きさが規約を満たしていれば，紙でなくても郵便局では受け付けてくれます．

4-2 OSI参照モデル

キーポイント

OSI 参照モデルは，機能別に階層化されたプロトコル体系を規定しています．各階層の機能は，上位層のデータをカプセル化し，当該の階層の処理に必要な情報をヘッダに追加します．階層ごとに規定されたプロトコルの機能を具体的に把握し，ネットワークアーキテクチャを理解することが重要です．

1 OSI 参照モデルの標準化の経緯

1970 年代に入り，米国の ARPANET を代表とするコンピュータネットワークが構築されるようになりました．ARPANET では，データを小さなデータブロック（パケットと呼ばれる）に分割し，始点から終点まで複数の伝達経路を活用して分散通信を行っています．この伝達メカニズムを備えることにより，万が一のネットワーク攻撃を受けた場合にも，耐性のある通信手段としての活用ができる特徴を備えていました．

複数のコンピュータ相互間で円滑に情報交換を行う機会が増えるに従い，次第に，データ伝送を行うための手順を定めるだけでは不十分なことが明らかになりました．例えば，回線を用いてデータを送受信し，伝送誤りの検出・訂正を行うための伝送制御手順（データリンク制御手順）に加え，複数の中継ノードを介してパケット単位のデータを相手コンピュータに正確に送り届けるための経絡制御，送信データの流量（フロー）制御，あるいはデータ情報の表現形式の事前通知など，多様な通信上の取決めを通信プロトコルとして定める必要性が認識され始めました．

このような状況のもとで，ISO（国際標準化機構）の TC97（情報処理システム技術委員会）や ITU-T（国際連合組織内電気通信標準部門（旧 CCITT））では，異機種コンピュータ間通信を可能とするための標準的なネットワークアーキテクチャの検討を行い，1978 年より開放型システム間相互接続（以下，OSI）と呼ばれるネットワークアーキテクチャの標準化が進められました．OSI 参照モデルの標準化が完成したのは 1985 年です．

図 4·1 に通信プロトコルの規定が必要な理由を示します．**図 4·2** には通信プロトコルを階層化する場合の利点を示します．

標準化された通信プロトコルの規定に沿った通信モデルで，第 1 層に変更が生

補足⇒「ISO」：International Organization for Standardization,「ITU-T」：International Telecommunications Union Telecommunications Sector

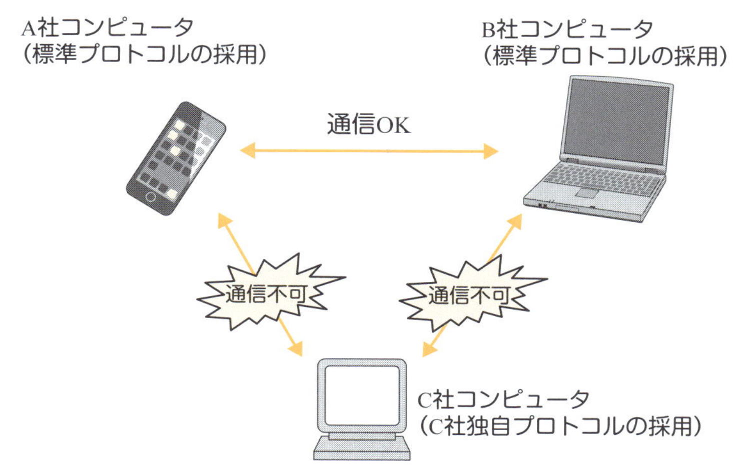

図 4·1 通信プロトコルの規定が必要な理由

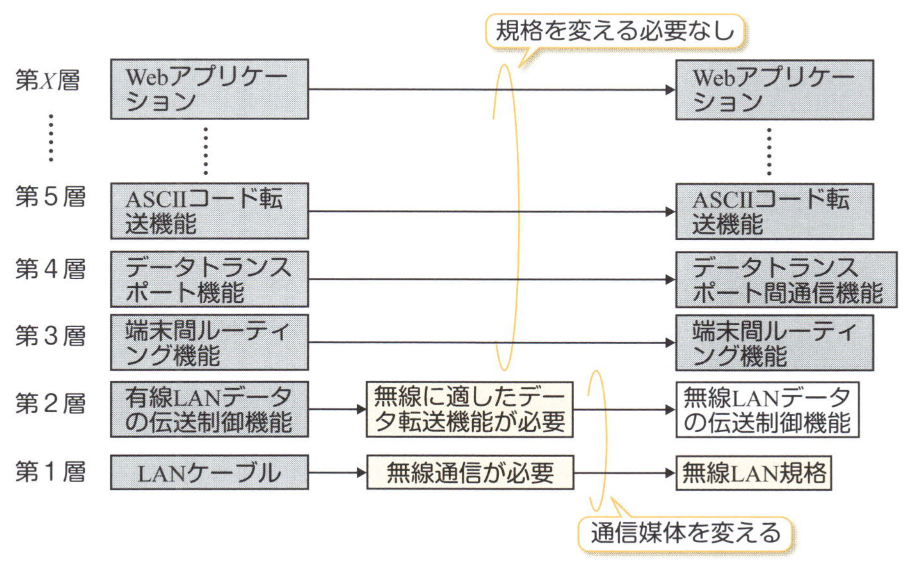

図 4·2 プロトコルの階層化とその利点

じた場合の例を考えてみましょう．図 4·2 に示されるように各層の規定を独立化することによって，ほかの層には影響は与えずに，層ごとに技術的に発展した仕

補足➡「OSI」：open system interconnection

様を採用できることが理解できると思います．すなわち，通信プロトコル全体の変更をする必要はなく，階層ごとに技術的進展がみられた場合にも，その階層に対応する新しい技術を速やかに反映できます．

図4·2ではケーブルの規格（物理・電気的な規定）や伝送制御手順の変更が生じる場合でも，それ以外の規格には影響を与えていません．この考え方は，通信プロトコルの開発を効率良く進めるうえでも重要なポイントです．

本書では，OSI参照モデルにおける各階層を第○層と表現しますが，「レイヤ」という表現も慣習上はよく使用されます．

2 OSI参照モデルの上位層と下位層

OSI参照モデルで規定されるネットワークのシステムの中には7階層の通信機能（ソフトウェアやハードウェア）が含まれます．第4層から第7層までの上位層の機能は第1層から第3層までの下位層の機能が正常に働いた場合に限って動作することができます．

一般に，システム内の階層間（ソフトウェア間，ソフトウェア-ハードウェア間またはハードウェア間）のやりとりをインタフェースと呼びます．相手側のシステムとの通信を行う場合は，同じ階層の機能をもつどうしでデータ（パケット）のやりとりを行い，上位層に対して通信サービスを提供します．この階層間のパケットや信号のやりとりの規定がプロトコルと呼ばれるものの実体です．

プロトコルには，物理層における機器の接続のためのコネクタの形状や電圧などから，アドレスやパケットの転送手順，誤り検出方法，通信の開始·終了方法，データの表現方法など階層ごとにさまざまな通信規約が規定されています．

アプリケーション層の最上位には，アプリケーションプロセスがあり，この階層の機能をすべて含んだ七つの階層ごとの通信機能を使うことによりWebアクセスや電子メールなどのアプリケーションサービスが実現できます．

OSI参照モデルでは，第3層（ネットワーク層）までは相手の宛先までデータを届けるための機能であり，アプリケーションの機能とは独立にプロトコルの機能が規定されています．一方，第4層以上はデータの正常性の確認とともに，対話制御やアプリケーションに応じた会話制御に伴う同期処理やデータ表現方式などのアプリケーションに関連した機能が規定されています．

3 TCP/IP とネットワークアーキテクチャ

OSI 参照モデルの各階層の主な機能と標準化の対象を**表 4･1** に示します．第 2 層のデータリンク層の一つ上の層のネットワーク層では，データはパケットの形式で送受信されます．データリンク層で伝送するデータの形式はフレームと呼ばれます．下位層から上位層までの一そろいは，まとめてプロトコルスタック，またはプロトコルスイートなどと呼ばれます．

表 4･1■OSI参照モデルでの各種レイヤ機能の規定

	階層	名　称	主な機能
上位層	7	アプリケーション層	ユーザが希望する業務内容（ファイル転送，電子メールなど）に応じた各種通信機能の管理
	6	プレゼンテーション層	データの表現形式（符号化，暗号化など）に関する制御機能
	5	セッション層	データを効率良くやり取りするための制御，データ伝送の同期制御などの機能
	4	トランスポート層	送受信端末間の論理的な通信路を確保し，通信の品質を保証するための機能
下位層	3	ネットワーク層	経路選択（ルーティング）とデータの中継・転送機能
	2	データリンク層	情報のフレーム化，通し番号の付与，データリンクコネクションの確立・維持・解放，フレームレベルでの送達確認，フロー制御，フレーム伝送誤りの検出・復旧などの機能
	1	物理層	電気信号レベルやインピーダンスなどの電気的条件，コネクタ形状などの機械的条件
	物理媒体		より対線，同軸ケーブル，光ファイバケーブル，衛星回線，マイクロウェーブ回線など

＊下位層（第 1 ～ 3 層）：通信用データをルーティングして，相手に送り届ける機能
＊上位層（第 4 ～ 7 層）：データの透過性を保証するとともに通信処理，情報処理を規定する機能

OSI 参照モデルでは，各階層どうしでピアツーピア通信が行われます．ピアは対象としている通信相手の特定の通信階層を意味し，各階層間で送受信されるデータの単位が規定されています．インターネットでは，OSI 参照モデルの考え方に基づいて，簡略化されたプロトコルとして TCP/IP が事実上の標準（de facto standard）として使用されています．OSI 参照モデルは通信に必要な機能を中心に規定されているのに対して，TCP/IP はコンピュータの実装に重点を置いて設計され，OSI 参照モデルを簡略化した5階層で規定されています．

図 4･3 にエンドシステム間でピアツーピアの通信を行う場合のネットワークアーキテクチャの構成例を示します．中継システムは，ルータや交換ノードに該当し，システム間を相互接続するリンクによって繋がれます．中継システムは，第3層（ネットワーク層）までの下位層のみを活用して，相手のエンドシステムまでパケットを伝達します．すなわち，ネットワーク層を用いることにより，エンドシステムまでパケットを届けることができます．ネットワークアーキテクチャの実装では，以下の課題を考慮して基本仕様を定めることが必要です．

① 多様な通信形態に対応できる柔軟なネットワーク構成

② 専用線，LAN インターネットおよび公衆 WAN（電話交換，パケット交換，ISDN，NGN など）を含めた統一的な体系

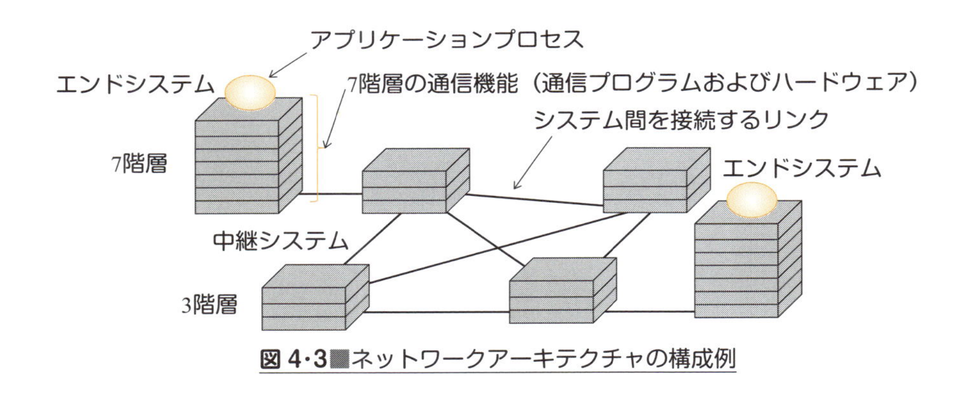

図 4･3■ネットワークアーキテクチャの構成例

補足➡ピアツーピア：peer-to-peer, P2P

OSI 参照モデルは，上位層と下位層に分けて理解することが重要です．

下位層は相手のエンドシステムまでデータを届ける伝達機能を規定しています．上位層は下位層が提供するデータの伝達機能を用いて，さまざまなアプリケーションを実行するために必要とされる機能を規定しています．

プロトコルを階層化することにより，新しい技術を盛り込む際には，まるで部品を入れ換えるように差し換えて，上位・下位の層は変更せず使用することができます．OSI 参照モデルを用いたネットワークアーキテクチャを理解することにより，サーバやルータなどの通信機器に必要とされる機能を明確化できます．

OSI 参照モデルでの通信は，カプセル化の概念を用いて実現されます．

例題 2

日頃使っているスマートフォンや PC は，無線 LAN，有線 LAN などのネットワークインタフェースをもっている．通信プロトコルの階層化により，ネットワークインタフェースまでの階層（第 1 層，第 2 層および第 3 層）を切り換えても，上位の階層には影響がない．ブラウザの使用形態を考え，アプリケーションの機能を差し換えた場合に，それよりも下位の層には影響なく通信を継続できる例を具体的に示して説明しなさい．

解答 (1) インターネットを閲覧中にブラウザを変えても，同じ Web ページを見ることができる．

Web ブラウザの機能は，第 5 ～ 7 層に該当し，6 章で詳細に述べる TCP/IP の上で動作します．このため，ブラウザを例えば，Chrome から Firefox などに切り換えても，第 4 層以下は同じ機能を使用して通信を継続することができます．

(2) 同じホームページを，https と http を切り換えて見ることができる．

ブラウザの URL 窓を見ると，“http://” で始まるものと，“https://” で始まるものの 2 種類がある場合があります．“http://” で始まるプロトコルはハイパーテキストと呼ばれる「テキストや画像，動画」などの情報を伝達するための規約であり，“https://”は“http://”による通信に暗号化機能を追加し，セキュリティを強化したものです．すなわち，ブラウザとサーバの双方がhttpとhttpsに対応していれば，下位の階層やコンテンツには影響なく暗号化の有無を自由に選んでブラウジングすることができます．ただし，多くの場合，サーバ側がリンク時に指定します（詳細は6-3節，7-3節参照）．

新しいプロトコルを作る場合，OSI参照モデルと同じようにしないといけないのでしょうか？

OSI参照モデルは，厳密に守らなければいけない規定ではなく，むしろ，プロトコル設計のための指針です．要件に応じて，各層の機能を最適化させる必要があります．

では，OSI参照モデルはあまり気にしなくてもいいのですね？

そうではありません．上下の層が既存のプロトコルであれば，それらはOSI参照モデルに，おおよそは整合しているはずです．新しいプロトコルスタックを作るとしても，重要機能のほとんどはOSI参照モデル内に含まれている場合が多く，層の分割の仕方も，長年の経験を踏まえて設計されていることを念頭にいれたほうが良いでしょう．本章で身につけたOSI参照モデルの考え方が，役に立つと思います．

4-3 TCP/IPプロトコルの考え方

キーポイント

インターネットにおけるTCP/IPは，OSI参照モデルの考え方に基づいて4/3階層の機能を規定しています．TCP/IPは一つのプロトコルではなく，相互に関連したプロトコルの集まりとして考えられます．

OSI参照モデルに基づいたTCP/IPプロトコルのカプセル化の概念を**図4·4**に示します．図では簡略化のために，第7層のデータが，いきなり第4層に渡され，それぞれの階層では上位層から下位層へ渡されたデータに対して，階層独自のヘッダ情報が付加されています．このように階層ごとに特有な機能を識別するために独自ヘッダを付与する過程はカプセル化と呼ばれます．

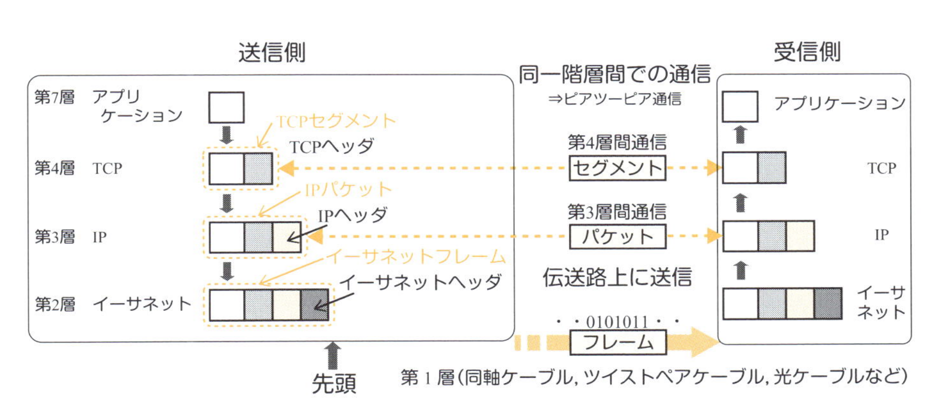

図4·4 TCP/IPでのカプセル化の概念

練習問題

① 手紙のやりとりの例を下図に示します．この例を用いて，一重下線部分が，OSI 参照モデルのどの層に該当するのかを，当てはめて下さい．易☆☆☆難

<ヒント>

1．「シール」がアプリケーション間で使用される通信データとみなされます．

2．二重下線部分が TCP/IP ではどのキーワードになるかを考えましょう．

<例>幼稚園児の通信花子さんが，同級生の情報太郎君に，太郎君が欲しがっていたアニメのシールをプレゼントとして贈ることにしました．家族や郵便局の職員が，以下の順番で協力することにより，ようやく太郎くんの家までプレゼントのアニメのシールが届き，太郎君に渡されます．

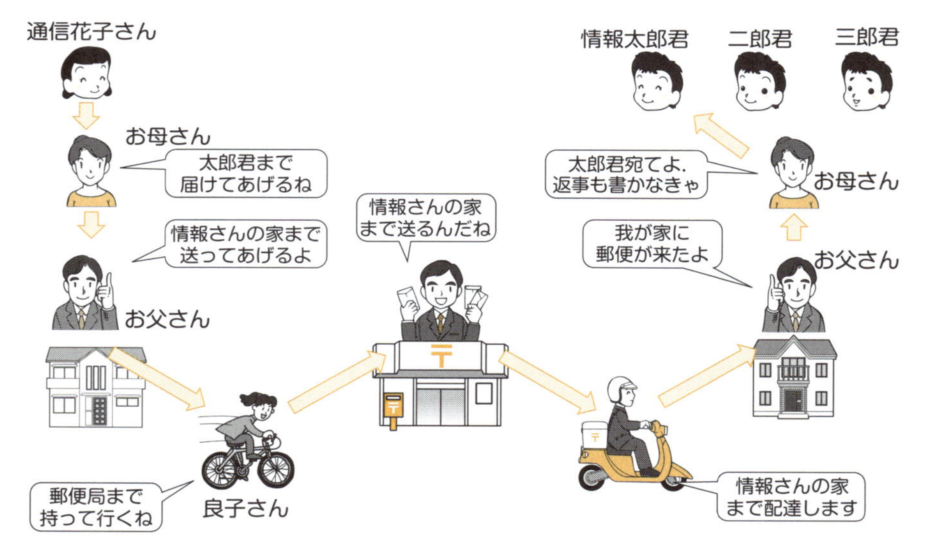

図　「シール」が花子さんから太郎君に届くまで

(1)　花子さんはお母さんに，太郎君へシールを送ってほしいと，お願いします．

(2)　お母さんはシールに，花子さんから太郎君へのプレゼントであることを示すメモを付けると，宛先の住所を調べて，お父さんに郵送を依頼します．

(3)　お父さんはシールを封筒に入れて，宛先の住所を封筒に書くと，宛先が近所でなかったので，郵便局に出しに行くように，長女の良子さんに頼みます．

(4) 良子さんは，近所の郵便局の場所を調べて，自転車で郵便局まで行きました．

(5) 郵便局の職員は封筒の宛先番地から場所を調べて，配達員に頼んでバイクで太郎君の家のポストまで運んでもらいました．

(6) 太郎君のお父さんがポストの中身をお母さんに渡すと，お母さんは封筒の中のメモを見て，シールを太郎君に渡しました（到着おめでとう！）．また，太郎君のお母さんは，花子さんのお母さんに，届いた旨を通知するための返事を出しました．

Memo

Date　・　・

5章

プロトコル階層 I 下位プロトコル

本書では，OSI 参照モデルの下位 3 層である，物理層，データリンク層，およびネットワーク層を下位プロトコルと呼びます．インターネットのネットワーク層は IP のみが使用されます．物理層とデータリンク層は使用する伝送媒体によりさまざまなものがあります．上位のプロトコルは，IP を使用することで，物理層やデータリンク層を意識せずに，発端末から着端末までデータを送り届けることができます．本章では，各層に必要な機能と，それらをインターネットの下位プロトコルがどのように実現しているのか，を中心に学びます．

5-1 物理層プロトコル

キーポイント

通信プロトコルにおける最下位層は物理層と呼ばれ，端末とメディア（伝送媒体）間を接続する物理的条件や電気的条件を規定します．メディアにより接続される送受信端末は，同一の物理層プロトコルを使用する必要があります．

1 物理層とインタフェース

物理層では，伝送媒体に関係する物理的条件・電気的条件・論理的条件などが規定されています．

コンピュータ内部のデータ（コンピュータが処理する0と1からなる符号）は，伝送媒体上を流れる電気的な信号に変換されて，相手側のコンピュータに伝わります．逆に，受信側のコンピュータは伝送媒体からの電気信号をディジタルデータ信号に変換して受け取ります．このためにはケーブルの特性やコネクタの形状などハードウェアについての物理的な条件，電気的な条件，データを電気信号に変換する符号形式などの論理的な条件をあらかじめ規定しておく必要があります．

2 イーサネットの物理層の規定

イーサネットは，さまざまな伝送媒体や伝送速度を使用することが可能であり，それぞれ個別の物理層の規定が定められています．主要なイーサネットの物理層の規定の種類と仕様を**表 5·1** に示します．

表5·1の各規定の表記において，最初の数字は伝送速度（Mbps）を示します．その次の表記は伝送方式を示し，“BASE”はベースバンド伝送を意味します．ベースバンド伝送はブロードバンド伝送と対になる概念で，ディジタル信号(0/1)をほぼそのまま矩形状の電位で表現して伝送する方法です．次の表記が数字の場合は伝送距離，ハイフン（-）で区切られた文字の場合は伝送媒体の種別を表します．

例えば，10BASE5は10Mbpsでベースバンド伝送する距離500 mの方式を表し，イエローケーブルと呼ばれる同軸ケーブルを用いたバス型のイーサネットです．同軸ケーブルは，ノイズの影響を受けないように，信号線を導電性の皮膜（シ

補足➡「物理層」：physical layer

表 5·1 ■伝送媒体の表記と仕様

通信媒体の種類	呼　称	最大伝送速度	最大伝送距離
同軸ケーブル（イーサネット用）*1	10BASE5	10Mbps	約 500m
UTP（イーサネット用）*2	100BASE-TX	100Mbps	約 100m
UTP（イーサネット用）*2	1000BASE-T	1Gbps	約 100m
マルチ / シングルモード光ファイバ*3	1000BASE-SX/LX	1Gbps	約 550m
シングルモード光ファイバ	10GBASE-LR	10Gbps	約 10km

＊1　延長距離が長く，ノイズに強い（直径は 1/2 インチ），敷設コストが高く，管理しづらい（100 台 / セグメント）

＊2　安価で配線容易，複数のハブを活用して大規模 LAN の構築が可能，ケーブルはノイズの影響を受けやすい

＊3　LX は長距離伝送用で、マルチモード光ファイバ適用時（SX）は最大伝送距離 550m

ールド）で覆っており，硬くて重く取扱いが困難なため現在では使用されていません．

1000BASE-T は 1Gbps のベースバンド伝送によるイーサネットで，ケーブルには 2 本のより線を 4 対用いた 8 心のより線をシールドなしの絶縁体で覆った UTP を用いる方式です．2 本のより線を用いる理由は，2 本を同じ電磁環境におくことにより電位変動の影響を相殺させるためです．RJ-45（ISO 8877）と呼ばれる形式のコネクタによって接続されます．UTP は，対になっている 2 本の信号線の電位差で信号を表し，対ごとにより合わせて伝送します．これにより，シールドがなくてもノイズの影響をあまり受けなくなり，ケーブルを軟らかく軽くすることができ，取扱いが簡単になっています．なお 100Base-TX も UTP を用いますが，2 対 4 心のみ使用します．

図 5·1 の RJ-45 の概観に示すように，コネクタ形状，各ピンの位置などの物理的な接続条件も規定されています．

LAN の方式や構成（トポロジー）には 3 章で説明したように，①スター型，②バス型，③リング型の 3 種類があります．

構内電話用の PBX やスイッチングハブなどのスター型 LAN では，通常，複数の端末が同時に双方向で通信できます（全二重通信）．一方，バス型やリング型では通信媒体を共有するので，同時に通信できるのは 1 組の端末のみで，また片方向通信（送信または受信のみ）になります（半二重通信）．

補足➡「UTP」：unshielded twisted pair cable

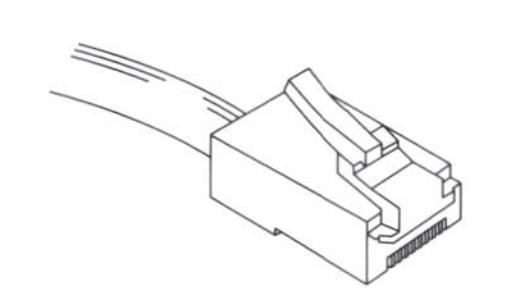

(a)　8ピンモジュラープラグ

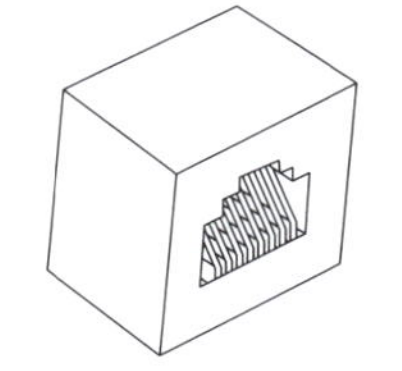

(b)　8ピンモジュラージャック

図 5·1■RJ-45(ISO 8877)の概観

リング型の形態の一つであるFDDIは，伝送速度100 Mbpsの高速LANとして実用化されました．FDDIは，「トークン」と呼ぶ制御フレームをリング上に巡回させ，トークンを受信した端末のみがデータを送信できるため，原理的に複数の端末間では衝突が起こりません．このため，通信トラヒックの混雑時でも全体のスループットが低下しにくい特性があります．伝送媒体としてはマルチモード光ファイバ，シングルモード光ファイバ，UTP，STP（シールド付きより対線）などが活用できます．

一方，イーサネットは①スター型，②バス型の両方の接続形態で動作できますが，一般にはスイッチングハブを用いたスター型の接続形態で使用します．無線LANは，バス型の接続形態が一般的です．

FDDIでは回線障害に対する信頼性を考慮し，二重リング構成を活用しています．片方の回線が切断時には，自動的にリングの折返し接続による再構成を行い，通信が継続できるようになっています．

3 WANの物理層の規定

公衆ネットワークを介して遠隔のLANを接続するネットワークをWANと呼びます．WANには公衆網の違いによりさまざまな方式がありますが，特に高い信頼性が必要とされるWANにはISDNが多く用いられてきました．

ISDNでは，ユーザ側のデータ端末装置（DTE）と，ネットワーク側の装置であるデータ回線終端装置（DCE）とを接続するための物理層インタフェースが

補足➡「FDDI」：fiber distributed data interface

規定されています.

一方，光アクセス系としてはSS構成とPDS構成の2種類が実用化されています. SSでは局からのユーザ宅まで個別の光ファイバ回線が敷設されます. 一方，PDSは局とユーザ宅との間で光分岐装置（スターカプラ）を用いてスター状に回線が敷設されます．PDSでは光回線の収容局と光分岐装置との間で2段階の分岐を行うため，ダブルスター(DS)，あるいはPONと呼ばれます.

例題 1

イーサネットの物理層の規定には，表5·1で示したもの以外にも多くの種類がある.「10GBASE-T」とはどのような規定か，命名ルールを活用して答えなさい.

解答 物理層の速度が10Gbpsで，ベースバンド伝送方式になります．最後が“-T”なので，伝送媒体がUTPを示します.

例題 2

UTPと異なり，信号線をより合わせしない場合，UTPと比べてノイズ（外部の電磁波）の影響が大きくなる．その理由を答えなさい.

解答 信号線が外部から電磁波の影響を受けると，信号線内に電位が生じます．2本の信号線が全く同等に電磁波の影響を受けたとすると，生じる電位も同じになるので，信号線間の電位差には影響がなく，伝送している信号にも影響がありません．ところが，2本の信号線が平行だとすると，電磁波の照射される向きによっては，信号線が電磁波から受ける影響が異なる場合が生じます．信号線をよることで，平均的にはどちらの信号線も同じ環境で電磁波の影響を受けることになり，電磁波の影響をキャンセルできます.

補足⇒「WAN」: Wide Area Network,「DCE」: data circuit terminating equipment,「SS」: single star,「PDS」: passive double star,「PON」: passive optical network

5-2 データリンク層プロトコル

キーポイント

第２層のデータリンク層では同一LAN内の通信機器（ホストノード）間で，物理層の機能を利用してデータ（フレーム）を転送する機能が規定されています．ホストノードの識別には，データリンクアドレスが用いられ，LAN内でユニークである必要があります．

インターネットで最も主要なデータリンク層プロトコルはイーサネットであり，データリンクアドレス（イーサネットアドレスまたはMACアドレス）は全世界でユニークな番号が各端末に固定的に割り振られています．再送制御機能により，信頼性の高いデータ転送が実現されます．イーサネットにおけるデータリンク層ではCSMA/CD方式が活用されています．無線LANでは，CSMA/CD方式を拡張したCSMA/CA方式が活用されています．

1 イーサネット（有線LAN）

データリンク層では，フレームと呼ばれるひとかたまりのデータを単位としてデータ転送が実現されます．イーサネットのフレームは，イーサネットフレームまたはMACフレームと呼ばれます．イーサネットフレームの構成を**図5･2**に示します．

アドレス部　データ部　FCS部

MAC層

送信元アドレス	発信元アドレス	フレーム種別	データ	CRC符号
6バイト	6バイト	2バイト	（46～1 500バイト）	4オクテット

物理層

プリアンブル	開始デリミタ	フレーム（MACフレーム）	フレーム間ギャップ（送信禁止）
7バイト（10101010を7個）	1バイト（10101011）		12バイト

図5･2■データリンク層でのフレーム構成

物理層では，データは0/1のビット列で表現されるため，データリンク層ではビット列のどこにフレームの先頭があるのか，識別できる必要があります．イー

補足⇒「SFD」：Start Frame Delimiter,「MAC」：media access control,「OUT」：organizationally unique identifier,「MTU」：maximum transfer unit

サネットフレームの先頭は，プリアンプルとSFDという領域で識別されます．プリアンブルの各オクテットは,「10101010」であり, SFDは,「10101011」というビットパターンです．「1」「0」の繰返しにより受信準備とタイミング合わせを行うビット同期をとり，最後の「1」「1」でフレームの開始を識別することができます．

データリンク層は，上位層のデータを同一LAN内の宛先まで転送する役割を担います．このため, データリンク層で宛先と送信元を識別する情報（アドレス）が必要です．イーサネットフレームでは, 宛先アドレスと送信元アドレスとして, MACアドレスが設定されます．MACアドレスは6バイト長で構成され，上位3バイトはインタフェースカードの製造メーカを識別するOUI，下位3バイトはそのベンダが付与する製品ごとの固有番号で構成されます．これらの番号は，製造時に付与され，同じMACアドレスの製品は世界中に一つしかないことが保証されています．プロトコル種別は，データ部にカプセル化されたネットワーク層のプロトコル種別を識別するものです．データ部にはIPパケットが格納されます．データ部の最大長（MTU）は1 500バイトです．

FCS用には，イーサネットフレームのビット誤り検出のためのCRC符号が用いられます．データ部が短い場合には，プリアンブルからFCSまでの長さが64バイト以上（ギガビットイーサネットでは512バイト以上）になるように，不足分を埋めるパディングが付加されます．

イーサネットはバス型ネットワークで使用できるように設計されており，一つのノードから送信されたフレームは両方向に伝わり，全ノードが受信できるように伝送媒体が共有（マルチプルアクセス）されます．

図5·3にイーサネットによる転送のしくみを示します．この例ではデータリンク層よりも上位のプロトコルとして，ネットワーク層はIP，トランスポート層はTCPである場合を想定しています．データリンク層では宛先のデータ受信装置がMACアドレスにより指定されることに加え，送信データの正常性が常時チェックされます．端末から送信されたMACフレームは隣接された装置（MACアドレスb）でデータリンク層の受信処理がされたあとで，IPの機能により次の転送先装置が決定され，次の隣接装置（MACアドレスd）に伝達されます．

複数ノードからの送信データが衝突すると，信号波形が重なり合って乱れ，各ノードでは正しいデータを受信できません．そこで，データ衝突を早く検出（コリジョンディテクション）し，各ノードからのバスへのアクセス制御を有効にす

補足➡「FCS」: frame check sequence,「CRC」: cyclic redundancy check,「マルチプルアクセス」: multiple access,「NIC」: network interface card,

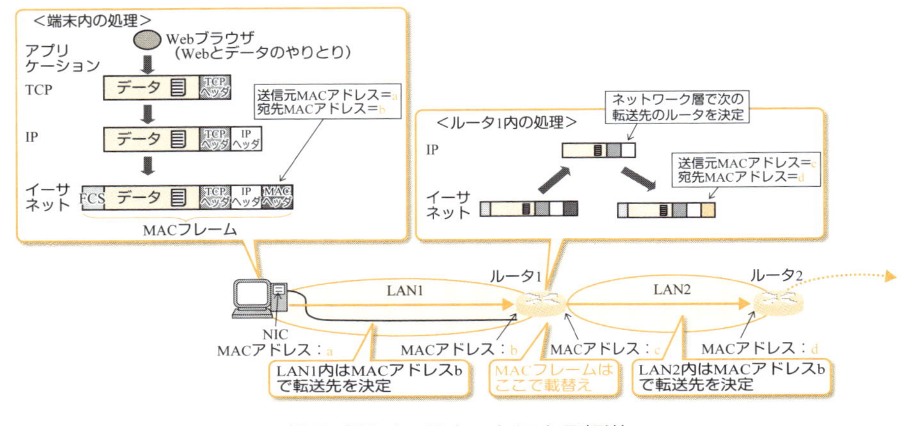

図 5･3■イーサネットによる転送

る手段として CSMA/CD（搬送波検知多重アクセス衝突検出）と呼ばれる技術が利用されています.

CSMA/CD の原理を**図 5･4** に示します．ノード B が D 宛のフレームを送信する場合，B はバスを監視（キャリアセンス）し，信号（キャリア）が検出されなければ，データフレームを送信します.

もし，フレーム衝突による電圧波形の変化などが検出できた場合には，データフレームの送信を中断し，代わりにジャム信号と呼ばれる連続信号を一定時間ケ

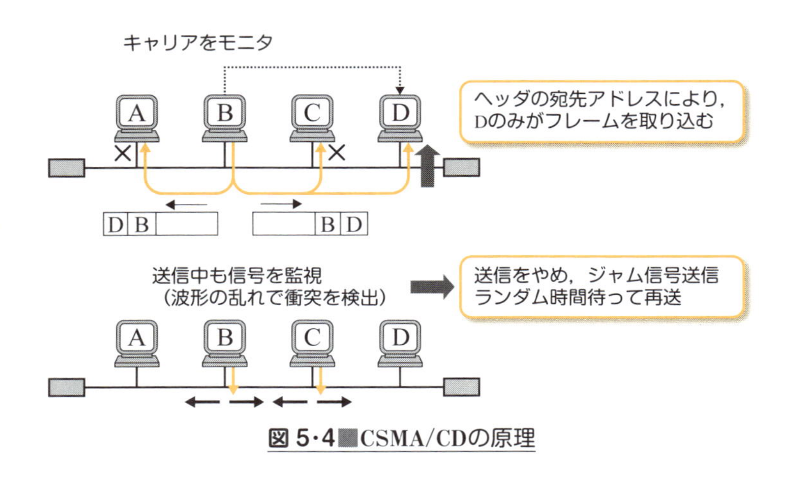

図 5･4■CSMA/CDの原理

補足→「コリジョンディテクション」collision detection,「CSMA /CD」: carrier sense multiple access with collision detection,「キャリアンス」carrier sense

ーブル上に送出します．このように衝突を故意に長引かせることにより，他ノードによる衝突の検出漏れを防ぎます．

発信側のノードは衝突を検出すると，1～CWの範囲の整数をランダムに選択し，単位時間×その整数値分の時間が経過してから再びデータフレームを送信します．イーサネットでは，CWの値は，衝突のたびにバイナリバックオフ方式で決定します．例えば，10BASE-Tの場合，単位時間は51.2 μsで，CWは初期値が1で衝突のたびにおよそ2倍（ただし通常1 023を上限）に更新することで待ち時間を調節します．最大でも16回連続して信号が衝突した場合には，そのフレームはいったん廃棄されます．

なお，パケットの長さがきわめて短いと，バス上で遠く離れた地点での衝突を検出せずに通信を完了してしまう可能性があります．逆に非常に長いパケットを送信し続けると，ほかのノードがバスを使用できず，不都合が生じます．このような理由でバス上のパケットデータ長は最大値と最小値がバスの属性を考慮して決定されます．

データリンク層は，LANの中でデータを宛先ノードまで届けるのが役割です．このため，宛先を示すデータリンク層アドレスは一つのLANのなかでユニークであればよく，隣のLANで同じデータリンク層アドレスが使用されていても本来は問題ありません．ただし，イーサネットではデータリンク層アドレスの割当を簡潔にするため，上に述べた全世界でユニークな番号が採用されました．

2 無線LAN

無線LANでは，ケーブルが不要で簡単にLANの設置が可能です．通信形態には，インフラストラクチャモードとアドホックモードがあります．インフラストラクチャモードは，外部ネットワークと接続する基地局（AP）と基地局に収容される端末局により，無線LANが構成されます．アドホックモードは，基地局を必要とせず，各端末局が直接通信を行います．

企業や家庭などで無線LANを導入する場合は，インフラストラクチャモードが一般的なため，インフラストラクチャモードについて以下に説明します．

無線LANでは，信号の伝送に無線の搬送波（キャリア）を用いるため，この搬送波を検出することにより，衝突の回避を行うことができ，有線のイーサネットと同様にCSMAの機能を用います．ただし，（有線）バス形態のように，送信しながら信号の衝突を同時に検出することはできません．このため，できるだけ

補足➡「CW」：contention window,「バイナリバックオフ」：binary exponential back-off,「インフラストラクチャモード」：infrastructure mode

衝突を避ける方法として，CSMA/CA という方法が採用されています．

この方式は，CSMA/CD と比較すると二つの点で大きな違いがあります．CSMA/CD では搬送波が検出できなければ即データを送信しますが，CSMA/CA ではデータ送信前にランダムな時間待ち合わせることで衝突の確率を減らします．また CSMA/CD では，データ送信中に信号の衝突を検出しなければ，相手端末まで誤りなくデータが届いた，と判定しますが，CSMA/CA では ACK 信号を用いることにより，誤りなく届いたことを確認する方法を採用しています．

CSMA/CA によるアクセス制御として，基地局 AP と端末局 PC-A，PC-B からなる無線 LAN の例を**図 5·5** に示します．

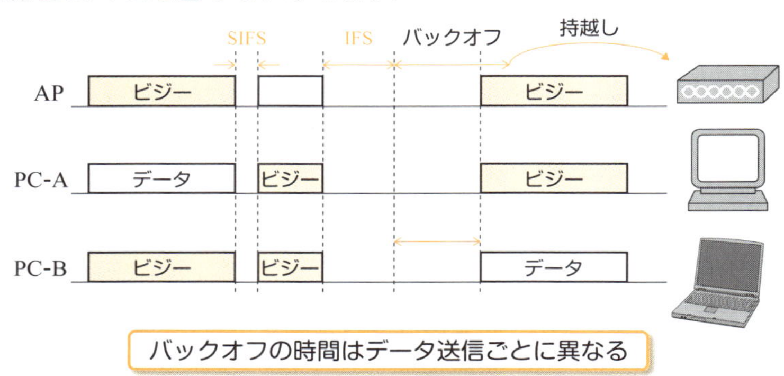

図 5·5■CSMA/CAによるアクセス制御

フレームの送信が行われている間は，キャリアが検出される（ビジー）ため，ほかの局はフレームを送信しません．優先度を決めるフレーム間隔として，IFS が設けられています．この IFS が短いほど，優先してフレームを送信することができます．ACK は，その受信によってフレームの送受信が完結するため，最も短い SIFS というフレーム間隔が用いられます．図 5·4 では，AP はデータの受信後, SIFS だけ待って, PC-A に ACK を返送します．データを送信するために，IFS の後，衝突を回避するためのバックオフ時間として，1 ～ CW の範囲の整数をランダムに選択し，単位時間×その整数値分の時間が設けられています．例えば，IEEE 802.11b の場合，単位時間は 20 μs，CW は初期値が 31 で，衝突のたびにおよそ 2 倍（$CW = 2^n - 1$，$n = 5, 6, 7 \cdots\cdots$，通常 1 023 を上限）に更新することで待ち時間を調節します．図 5·5 ではバックオフ時間の短い PC-B がデータを送信し，送信できなかった局（AP）は次の機会まで持越しとなる状態を説

補足⇒「アドホックモード」: ad hoc mode,「AP」: access point,「端末局」: station

明しています.

なお，無線通信規格により，使用できるチャネル数の帯域幅は異なります．例えば，IEEE 802.11b のチャネルは 2.400GHz ～ 2.497GHz の間に 20MHz 幅で最大四つまで設定できますが，IEEE 802.11a は 5.15GHz ～ 5.25GHz で 4 チャネル，IEEE 802.11g は 2.400GHz ～ 2.483.5GHz で 3 チャネルまでが設定できます.

例題 3

以下の空欄を埋めて文章を完成させなさい.

(1) イーサネットプロトコルは同一（ ① ）内の端末やルータへデータを転送する役割を担っている．データは（ ② ）単位で送信され，宛先は（ ③ ）アドレスで識別される.

(2) 有線 LAN のイーサネットで採用している CSMA/（ ① ）方式では，端末は信号を送信前に受信信号を確認し，ほかの端末が送信中でなければ，MAC フレームの送信を行う．ほかの端末が送信する信号との（ ② ）を検出すると，ランダムな時間待ってから，（ ③ ）を行う.

解答 (1) ① LAN，②イーサネットフレーム，③ MAC
(2) ① CD，②衝突，③再送

例題 4

無線 LAN において，信号を送信中に衝突を検出できない理由を述べなさい.

ヒント；有線 LAN では信号の伝搬ルートが一次元であるが，無線 LAN の場合は三次元空間を伝搬する.

解答 有線 LAN では信号は一次元を伝搬するので，エネルギーは拡散せずに伝搬します．ところが無線 LAN の場合信号は三次元を伝搬するので，エネルギーが距離の 2 乗に比例して弱くなります（糸電話を使うと，ひそひそ声が遠くまで届くのに，耳からコップを話すと，聞こえなくなるのと同じ理屈です).

このため，無線 LAN では受信信号のエネルギーが送信信号のエネルギーに比べ非常に小さく，送信中は受信信号がマスクされてしまい，検出できません.

補足⇒「搬送波」：carrier，「CSMA/CA」：CSMA with collision avoidance，
「IFS」：inter frame space，「SIFS」：short IFS

例題 5

イーサネットは，最小フレーム長と最大フレーム長が規定されている．
規定を無視して最小フレーム長よりも極端に短いフレームを送信した場合に発生する不具合を述べなさい．また，最大フレーム長よりも極端に長いフレームを送信した場合に発生する不具合を述べなさい．

解答　極端に短いフレームを送信すると，メディアを伝搬し隣接ノードに届く前に送信が完了する可能性があります．その場合，隣接ノードで衝突が発生しても，送信ノードでは衝突を検出できず，「誤りなく送信できた」と誤判断し，当該フレームのデータは紛失します．

これを避けるため，LAN の両端にある端末間で信号の衝突が起きても見逃しが起きないように，最小フレーム長が定義されています．

逆に，極端に長いフレームを送信すると，ほかのノードはその間データを送信できなくなるので，待ち時間が長くなり公平な通信が実現できません．また，CRC エラーが発生する確率がフレーム長に比例して高くなります．一方，最大フレーム長を短くすると，データ部の比率が小さくなるので LAN の使用効率は低くなります．このため，バランスを取って最大フレーム長が決められています．

5-3 ネットワーク層プロトコル

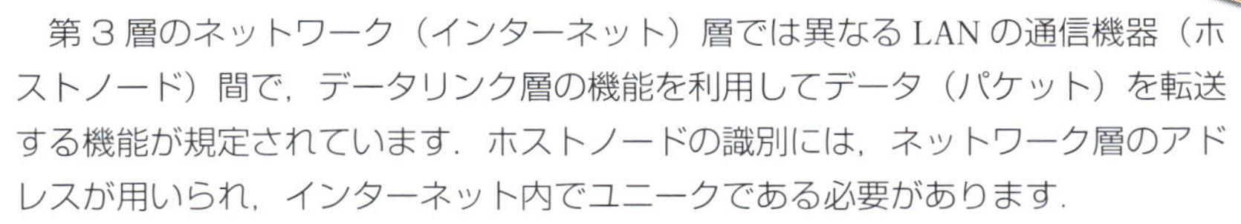

第３層のネットワーク（インターネット）層では異なるLANの通信機器（ホストノード）間で，データリンク層の機能を利用してデータ（パケット）を転送する機能が規定されています．ホストノードの識別には，ネットワーク層のアドレスが用いられ，インターネット内でユニークである必要があります．

インターネットではIPv4またはIPv6が用いられています．ネットワーク層のアドレス（IPアドレス）はネットワークアドレスとホストアドレスに階層化され，接続するLANによって割り振られます．ネットワークをサブネットに分割することにより，IPアドレスは効率良く端末に割り当てられます．アドレスの数を節約するため，NATおよびNAPTにより，グローバルアドレスとプライベートアドレスの変換が行われます．

1 インターネットプロトコル

ネットワーク層では，パケットと呼ばれるひと塊のデータを単位としてデータ転送が実現されます．インターネットではコネクションレス型のプロトコルであるIPv4またはIPv6のいずれかが使用されています．今後はIPv6への移行が進むと予想されますが，基本的な考え方はIPv4にほとんど含まれるため，本書ではIPv4を中心に説明します．IPパケットの構成を**図5･6**に示します．主要ヘッダ領域の用途を以下に示します．

① サービスタイプは，当該パケットの転送に必要な優先度を示します．

② 識別子とフラグおよびフラグメントオフセットは，IPパケットを分割（フラグメント）時に，分割された各フラグメントの順番や末尾の表示に使用します．

③ 生存期間は，ルータ間を転送してよい残り回数を示します．例えば「ルーティング異常で無限回転送されることの防止」などの目的で使用します．

④ 送信元IPアドレスおよび宛先IPアドレスは，IPパケットの送信元と宛先の識別子であり，詳細は次項で説明します．

IPパケットの最大長は，ヘッダフォーマット上は2^{16}バイトになりますが，一般には下位層のMTU以下とする必要があります．もし，下位層のMTU以上とすると，当該のIPパケットをルータでフラグメントする必要が生じ，ルータの

補足➡「IPv4」：internet protocol version 4
「IPv6」：internet protocol version 6

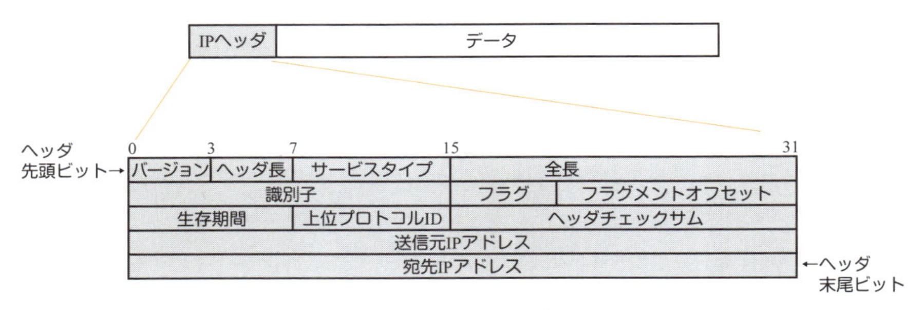

図 5・6■IPv4ヘッダ構成

性能によってはパケット損失になる可能性があります．イーサネットのMTUは1 500バイト，フレッツ光（NEXT）によるインターネットアクセスでは1 454バイトです．一般的に，伝送品質の悪い通信環境ではIPの最大長を下位層のMTUに比べ小さい値に設定したほうが下位層の再送効率が高くなるので，ホスト間のデータ転送速度は速くなります．一方，安定した通信環境ではヘッダなどのオーバヘッドやルーティング制御用の処理が減少するため，IPの最大長を下位層のMTUと等しい値に設定したほうがデータ転送速度は速くなります．

分割されていないデータのひとかたまりを一般にデータグラムといい，IPv4パケットは一つひとつが独立に処理されるため，IPデータグラムとも呼ばれます．IPでフラグメント化された場合，それぞれをIPフラグメント，全体をIPデータグラムと区別して呼ぶ場合もあります（RFC 1122など），なお，IPフラグメントがルータに与える負荷が問題視され，IPv6ではルータによるフラグメントが廃止されました．またIPv6ではIPデータグラムという表現は使われません．

2 ネットワーク層アドレスの役割とIPアドレス

ネットワーク層のアドレスは全世界のノード（通信機器）のネットワークインタフェースを識別し，ほかと重複しないように付与される必要があります．さらに，当該アドレスをみて，データの転送先を判定できる（ルーティングできる）必要があります

例えば，一つの通信事業者が運用する公衆電話網では，地理的条件やトラヒックの流通状況を反映した階層的かつ論理的な番号体系が用いられています．公衆電話網での電話番号は，番号体系がITU-Tの勧告E.164で規定され，**図 5・7** に

示すような番号の割付けが行われています．

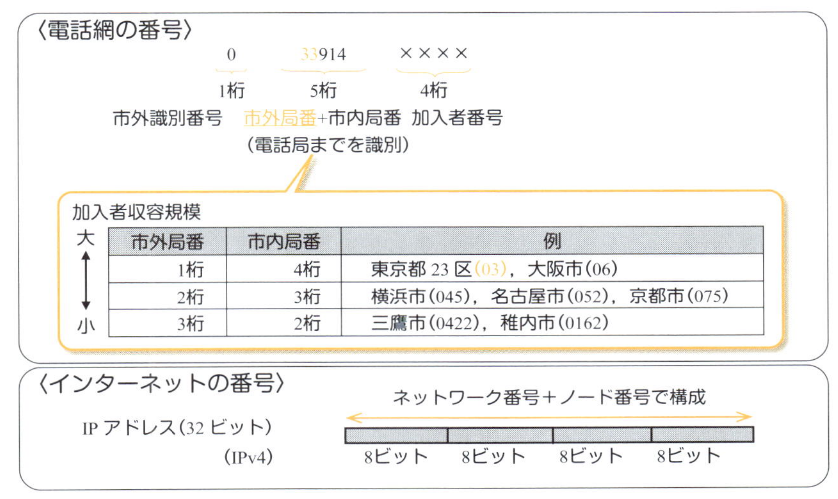

市外局番	市内局番	例
1桁	4桁	東京都 23 区（03），大阪市（06）
2桁	3桁	横浜市（045），名古屋市（052），京都市（075）
3桁	2桁	三鷹市（0422），稚内市（0162）

図 5･7■電話網とインターネットにおける番号方式

電話番号は，国ごとに固有の国番号，地域ごとの市外局番，地域を分割した区域を示す市内局番，および当該区域内で加入者ごとに割り振られた加入者番号で構成されます．このため，電話番号を分析することで，電話を接続する相手交換機を特定できます．ここでは，東京 23 区内における接続を市内局番 4 桁と加入者番号 4 桁の合計 8 桁で行う場合を示し，区域番号の外であることを示すプレフィックス（日本では通常は 0）を用いてダイヤルする例を示しています．東京 23 区外から 23 区内に電話をかける場合にはプレフィックス（0）と市外局番（3）をダイヤルし，次に市内局番 4 桁と加入者番号 4 桁をダイヤルします．このように，電話機インタフェース一つに対して固有の番号をもつアドレス体系を用い，電話機と収容交換機とを対応づけています．

IPv4 のアドレスは，RFC 791 で定められた 32 ビットの構成（**図 5･8**）を用います．上位ビットをネットワークアドレス，下位ビットをホストアドレスと呼び，ネットワークアドレスが宛先のネットワーク（LAN に相当）を示し，ホストアドレスがそのネットワークの中の特定の端末を示します．

この 32 ビットを 8 ビットずつ「.」で区切り，それぞれを 0 ～ 255 の 10 進数で表記します．電話番号と同様，ネットワークアドレスを見ることで，IP パケ

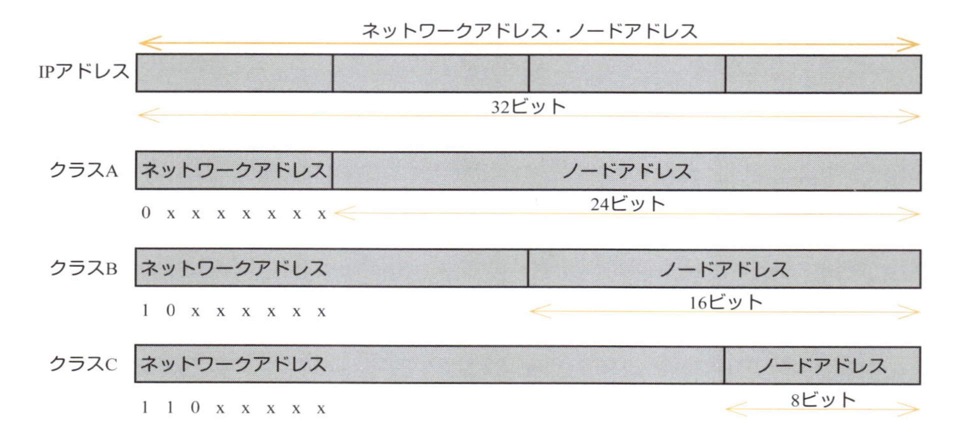

図 5・8■IPv4アドレス構成

ットを転送する相手交換機（ルータ）を特定できます．インターネットに接続する場合は，インターネット内でユニークなアドレス（グローバルIPアドレス）が必要です．インターネットに接続する全世界のネットワークのアドレスは，国際機関IANAにより管理され，各国や地域の下位組織を介して，各LANにグローバルIPアドレスが割り当てられています．なお，インターネットに接続しない，孤立したネットワーク（プライベートネットワーク）では，プライベートIPアドレスと呼ばれる特番のIPアドレスを使用します．同一プライベートネットワーク内で同じプライベートIPアドレスを使用することはできませんが，異なるプライベートネットワーク内では同じプライベートIPアドレスを使用しても問題ありません．

あるノードをネットワークに接続する際には，ネットワーク運用管理者あるいはソフトウェア処理により，接続するネットワークのネットワークアドレスと，当該ネットワークで未使用のホストアドレスが，当該ノードに割り当てられます．IPアドレスは，端末自律では決められずネットワークとの接続関係に依存して決まるため，しばしば論理アドレスと呼ばれます．これに対し，ノードのMACアドレスは，ネットワークとの接続関係には依存せずインタフェースの部品に固定的に割り当てられているため，物理アドレスと呼ばれる場合があります．このため，ノードが故障して交換するとき，ノードのMACアドレスは変更になりますが，IPアドレスは前のノードと同じ値に設定することが可能です．

例題 6

端末がLANを移動するときには，「データリンク層のアドレスは変更せずネットワーク層のアドレスを変更する」という考え方でインターネットは設計されている．なぜ，この考え方が適用されたのか，理由を述べなさい．

解答 インターネットが設計されたとき，ホスト（端末）はどのLANにも簡単に接続できる必要がありました．当時は，いったんあるLANに接続すれば，異なるLANに移動することは稀でした．このためネットワーク層で管理されるIPアドレスはLANに接続時に端末に割り当てられ，万が一移動すれば割り当て直す，という考え方が適用されました．ただし，IPアドレスが設定によって変化しても，ホストの特定ができるようにMACアドレスは端末に固定的に割り当てられています．

一方，携帯電話の電話番号は，世界中どこに行っても変更しない方式が取られています．また，移動時にIPアドレスを変化させない方式も研究されています．

3 ネットワークアドレスの割り振り方

IPアドレスは32ビット固定長のため，取り得るアドレスの数は2^{32}＝約43億通りで，世界の人口と比較しても十分な数ではありません．ネットワーク（LAN）内のホスト数は，ネットワークによって大きく異なります．例えば，ネットワークアドレスの長さを16ビット固定長とすると，使用されないIPアドレスが大量に発生し，逆にホストアドレスが不足するネットワークが生じます．そこで，使用されないIPアドレスの数をできるだけ減らすために，ネットワークアドレスとホストアドレスの境界を上位8ビット・16ビット・24ビットの3種類に分け，それぞれをクラスA，B，C[*1]と呼び，ネットワーク内のホスト数に応じて，ネットワークアドレス長を使い分ける方法が採用されました．なお，ネットワークアドレスの先頭の数ビットによりクラスの識別が可能です．例えば先頭1ビットが0で始まるIPアドレスはクラスA，先頭2ビットが10で始まるIPアドレスはクラスB，先頭3ビットが110で始まるIPアドレスはクラスCになります．一方，先頭4ビットが1110で始まるIPアドレスはクラスDと呼ばれ，マルチ

（＊1） 原理的にはクラスAでは2^{24}＝約1 600万台，クラスBでは2^{16}＝約65 000台，クラスCでは2^{8}＝約250台の端末ホストの接続が可能です．

キャスト通信用に使用されています．

上述の規定方法では，ホストアドレス数の違いが8ビット（256倍）と大雑把なため，使用されず無駄になるIPアドレス数を思うように削減できない問題が発生しました．そこで，現在では，ネットワークをさらに分割し，ネットワークアドレスの長さを任意のアドレスとする可変長サブネットマスクVLSM技術が適用されています．分割されたネットワークはサブネットと呼ばれ，ホストアドレスの上位桁をサブネットのアドレス部として用います．

例えば，最大で14台のホストを収容するLANを複数構成したいとします．クラスCのネットワークアドレスを割り当てると，LANの数だけクラスCアドレスが必要になります．また使用可能なIPアドレス数が254（$= 2^8 - 2$）個*2になるので，一つのLAN当たり240個（254 − 14）のIPアドレスが使用されずに無駄になります．しかし，VLSMを適用し，ネットワークアドレスを28ビットに拡張すると，**図5･9**に示すように一つのクラスCアドレスを16個のLANに分割して割り当てることが可能になります．また各LANでは使用可能なIPアドレス数が14（$= 2^4 - 2$）個になるので，IPアドレスを無駄なく使いきれることになります．

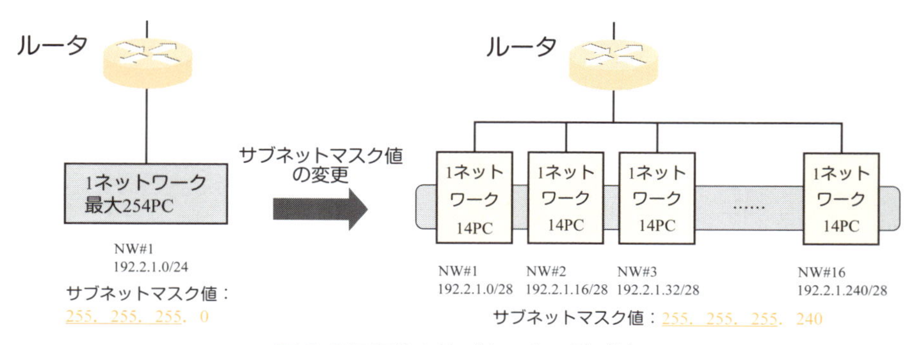

図5･9■複数のサブネットの構成法

ところが，ネットワークアドレスの長さを任意のビット数としたため，ネットワークアドレスの上位ビットをみても，ネットワークアドレスの長さが判別できなくなりました．そこで，サブネットのネットワークアドレス長を表記する方法として，サブネットマスク表記またはプレフィックス*3表記が使用されます．サブネットマスク表記の場合，まず，ネットワークアドレスの長さだけ1を並べ，

補足➡「VLSM」：variable length subnet mask,「プレフィックス」：prefix
（＊2） 通常，ノードアドレスのall “0” はネットワーク自体を表し，all “1” は，ブロードキャストアドレスを表すため，ホストノードは使用できません．

続けてホストアドレスの長さだけ0を並べます．次に，できあがった32桁を，8ビットずつ区切って，10進数で表現し，IPアドレスに続けて並べます．プレフィックス表記では単純にネットワークアドレス長を「/」（スラッシュ）で区切って，IPアドレスに続けて並べます．例えばIPアドレスが210.10.40.2でネットワークアドレス長が24ビットの場合，サブネットマスク表記では，210.10.40.2 255.255.255.0と表記します．プレフィックス表記では，210.10.40.0/24と表記します．VLSM技術を用いたサブネットを構成するときのプレフィックス表記の例を**図5･10**に示します．

IPネットワークアドレス	プレフィックス	サブネットマスク
128.1.0.0	/16	255.255.0.0 （Bクラス）
190.1.144.0	/21	255.255.248.0 （Bクラスの変形）

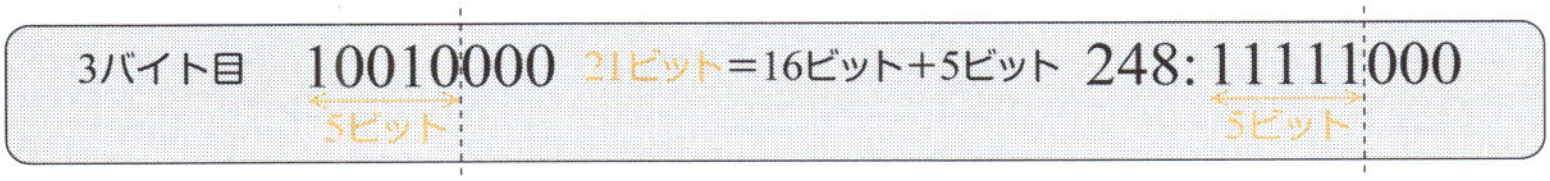

3バイト目 10010000 21ビット＝16ビット＋5ビット 248: 11111000
5ビット　5ビット

図5･10■プレフィックスの表記法

例題7

以下の空欄を埋めて文章を完成させなさい．

(1) あるLANに接続する端末（ホスト）数が最大で27台とする．そのLANで使用されないIPアドレス数を最小限にするためには，そのLANのネットワークアドレス長を（ ① ）ビットに設定すべきである．

(2) ある端末のIPアドレスが192.168.1.101，ネットワークアドレスの長さが25ビットの場合，プレフィックス表記を行うと，192.168.1.101/（ ① ）となる．また，サブネットマスク値は，255.255.255.（ ② ）になる．

解答 (1) 27台にIPアドレスを割り振るためには，ホストアドレスの長さは5bit ($2^5 = 32$) 以上が必要です．割り当てるホストアドレス長が長いほど使用されないIPアドレス数が増えるので，ホストアドレス長は5bitにすべきです．よってネットワークアドレス長は27bitに設定すべきです．

（＊3） プレフィックスは，日本語では「接頭辞」にあたり，IPアドレスの中の「ネットワーク部分」のビット数を指す場合に使用します．

(2) ① プレフィックス表記では，スラッシュ(/) の後にネットワークアドレスの長さ（25 ビット）を書きます．よって，答えは 25 になります．

② ネットワークアドレスの長さが 25 ビットなので，先頭の 3 バイト分は，255 になります．最後の 1 バイト分は，先頭の 1 ビットのみ 1 で残り 7 ビットは 0 になるので，答えは 128 です．

4 NAT

前述したように，インターネットワーク環境で通信を行う場合，IP のグローバルアドレスが必要です．IPv4 では，限られたグローバルアドレス数を多数の端末で共有し，必要なグローバルアドレス数を節約する NAT 技術が一般に用いられます．

NAT 技術を用いる場合，企業や学校，家庭などのネットワーク（通常はプライベートネットワークで構成される）内のホストには，グローバルアドレスと独立なプライベートアドレスが割り当てられます．一方，宛先がグローバルアドレスのパケットに対しては，インターネットへの転送時に，ソースアドレスがグローバルアドレスに変換されます．

プライベートアドレスとしては，

・クラス A 用として 10.0.0.0 ～ 10.255.255.255

・クラス B 用として 172.16.0.0 ～ 172.31.255.255

・クラス C 用として 192.168.0.0 ～ 192.168.255.255

が IANA によって規定されています．

あるグローバルアドレスを使用中のホストは，世界中でただ一つ（ユニーク）であることが必要です．一方，プライベートアドレスはそれぞれのプライベートネットワークの中でユニークであれば十分であり，世界中で多数のホストが同時にそのアドレスを使用していても，問題は生じません．

NAT の機能を用いると，ルータは内部ホストから外部のグローバルアドレス宛の IP パケットを検出すると，内部ホスト用 IP アドレスの中からホストに未割当てのグローバルアドレスを一時的に割り当て，各パケットのソースアドレスを当該グローバルアドレスに変換後に外部に転送します．外部からの応答パケットは，宛先のグローバルアドレスを内部ホストのプライベートアドレスに戻して内

補足⇒「NAT」：network address translation,「IANA」：Internet Assigned Number Authority

部に転送します．この方法は，内部ネットワークのサーバを外部に公開する場合にも用いられます．

一方，複数の内部ホストの通信を一つのグローバルアドレスにダイナミックに変換する**NAPT**と呼ばれるアドレス変換機能がよく使用されます．NAPTは，どのホストの，どの通信かを識別するために，トランスポート層のポート番号とネットワーク層のローカルアドレスを組み合わせてグローバルアドレスへ変換する技術です．NAPTは，一つのグローバルIPアドレスを複数のホストで共有し，同時使用できるため，**IPマスカレード**とも呼ばれます．IPマスカレードはNAT技術を拡張し，さらに，上位プロトコルである**TCP/UDP**のポート番号までを含めてダイナミックに変換する技術とも考えられます．

NATやNAPTはインターネットサービスプロバイダ（ISP）との接続に利用するアクセスルータにおいて利用されますが，使用に関しては運用上の注意が必要です．例えば，ISPのサービスには，一つのホストの接続を前提にIPアドレスを一つだけ提供する安価な1ホスト型契約と複数のホストでの利用を前提にIPアドレスを複数提供するLAN型契約もあります．前者の契約で複数のホストをインターネットに接続するためには，NATではなくNAPTの適用が必要になります．

例題 8

NATやNAPTでは，内部ホストから外部への通信を検出時に，当該内部ホストに対してグローバルアドレスを割り当てる．

グローバルアドレスの割当てを解除しない場合どのような不具合が生じるか述べなさい．またその不具合を防ぐために，割当てを適切に解除する方法を二つ述べなさい．

解答 グローバルアドレスの割当てを解除しないと，ほかの内部ホストに割り当てられるグローバルアドレスが枯渇し，それらが外部と通信できなくなってしまいます．このため，通信に使用されていないグローバルアドレスは割当てを解除する必要があります．代表的な方法は二つです．

一つめは，タイマを利用する方法です．パケットの送信間隔を測定し，一定時間以上，同じ宛先のパケット送信がなければ，「内部ホストに割り当てたグローバルアドレスは不要になった」と判断します．

補足⇒「NAPT」：network address port translation
「IPマスカレード」：internet protocol masquerade，「UDP」：user datagram protocol

二つめは，上位層の通信手順を監視し，通信終了を示す上位層の信号を検出すると，「当該グローバルアドレスの割当は不要になった」と判断します．例えば，上位プロトコルがTCPの場合，6-2節で説明するようにTCPコネクションの切断時には，FINメッセージが送信されます．

IPアドレスは32ビットで表現され，アドレス空間は2^{32}＝約43億通りです．IPv4の将来的なアドレス空間の枯渇や，セキュリティ上の問題を解決するために，IPアドレスを128ビット（32ビット×4）に拡張したIPv6方式の導入が1990年代後半から始まりました．

IPv6は128ビットのアドレス空間≒$(43億)^4 = 3 \times 10^{38}$をもち，事実上は十分過ぎるアドレス空間が確保できます．IPv6のグローバルアドレスはRFC 3587で定義され，地理的条件として大陸別・国別を考慮して使用者にアドレスが割り当てられています．IPv6では，事業者種別を考慮してIPアドレス空間を階層化した点がIPv4とは異なります．またIPv4で定義されたブロードキャストアドレスはなくなり，代わりにマルチキャストアドレスが同様の役割を果たしています．

IPv6ではルーティング処理の効率化のため，IPパケットの構造が見直されました．例えば，伝送路の品質が向上したことから，誤り検出を行うためのヘッダチェックサムが削除されています．また，ルータによるIPパケットのフラグメントは廃止され，必要なときに送信元ホストが実施することになりました．

一方でセキュアな通信を実現するIPsecの実装が必須化されるなど，サイバーセキュリティのニーズに応えられる機能を実現しています．

IPv6移行における大きな障壁は，IPv6がIPv4に対して下位互換性がなく，IPv4のみに対応したホストとIPv6のみに対応したホストとの間は直接の通信が不可能となる点です．このため，IPv4ネットワークとIPv6ネットワーク間でアドレス変換やプロトコル変換を行う技術が開発されています．

IPv6技術は，現在のNGNやほかのISPサービスでも部分的に適用され，IPv4，IPv6の両方式の共存を前提とした実用化が進められています．

例題 9

次の文章はインターネットにおけるIPv4とIPv6について述べたものである．空欄を埋めて文章を完成させなさい．

インターネット通信の普及やマシン端末数の増大につれて，IPv4は，（　①　）の不足，セキュリティやモビリティの機能拡張が困難，ルータ負荷の増大の問題が指摘され，IETFでIPv6の仕様が制定されている．

IPv4のアドレスは（　②　）ビットであるが，IPv6のアドレスは（　③　）ビットに拡張された．また，IPv4のヘッダには（　④　）があるが，伝送路の品質が向上したため，IPv6ではヘッダから削除された．また，ルータの処理負荷の軽減のため，ルータにおける（　⑤　）も削除された．

①IPアドレス数，②32，③128，④ヘッダチェックサム，⑤フラグメント

なぜIPのバージョンは4と6なんですか？

インターネットの黎明期には，インターネットワーク層（IP層）とトランスポート層（TCP層）をまとめて，一つのプロトコル（TCP）で実現する議論がされ，TCPバージョン1，TCPバージョン2，TCPバージョン3の方式が提案されました，その後，IP層とTCP層の分離が適切であると多くの人が判断しIPv4ではTCP層が分離されました．

その後，IPv4の限界が明らかになってきたため，次世代方式としてIETFで複数の候補を検討し，IPv6が次世代のインターネットプロトコルとして選ばれました．当初，IPv6はSimple IPと呼ばれましたが，現在は単にIPバージョン6またはIPv6と呼ばれています．

なんだが，パソコンのOSのバージョンみたいですね．IPv6の次のIPの議論はないのですか？

経路情報の圧縮技術やセキュリティ対策の技術などが研究されていますが，まだ十分なコンセンサスは得られていません．もしかするとバージョンアップにとどまらず，従来のIPとは全く異なるネットワークが必要になるかもしれません．皆さんの新しい知恵や柔軟な発想をぜひ培ってください．

5-4 IPルーティング

キーポイント

TCP/IPでは，ルータがIPパケットをLAN間にまたがって転送する役割を担います．ルータ間では，ルーティングプロトコルにより，パケット転送用の経路情報が交換されます．ルーティングプロトコルは，ASと呼ばれるネットワークの構成単位内では，RIPやOSPFが使われます．AS間では事実上BGP4のみが使用されます．通常，経路数を削減するため，ネットワークアドレスの上位ビットが同じ複数のネットワークを，一つのネットワークと見立てるCIDR技術が使用されます．

1 ルーティングプロトコルの種類

ネットワーク（LAN）間でのIPパケットの転送は，おおよそ以下の処理で実現されます．

ホストは，宛先IPアドレスのネットワークアドレスが自ホストのネットワークアドレスと異なる場合，LAN内のルータに当該パケットを転送します．ルータは，LAN間にまたがってIPパケットを宛先に近い次のルータに転送する役目を担っています．ルータは，IPパケットを受信すると，当該パケットの宛先ネットワークアドレスをキー情報として，ネットワークアドレスと転送先隣接ルータ（次ホップと呼びます）の対応を記録したルーティング表を参照し，次のルータ（次ホップ）に転送します．宛先のネットワークに到着すると，最終点のルータはLAN内の宛先ホストにIPパケットを転送します．

各ルータのルーティング表を作成する方法には，以下の二つがあります．

① ネットワーク管理者が，各ルータの接続関係から最適な経路を決定し，ルーティング表に登録する方法

② ルータ間でルーティングプロトコルにより各ルータの接続情報を収集し，同プロトコルにより最適な経路を決定し，ルーティング表を自動で作成・更新する方法

①はスタティックルーティングと呼ばれ，ネットワークの全経路が把握しやすい，小規模なネットワークに向いています．②はダイナミックルーティングと呼ばれ，頻繁に最適な経路が変化するインターネットのような大規模ネットワークに向いています．ルーティングプロトコルの経路決定にあたって，決め手となる

補足→「AS」: Autonomous System,「IGP」: interior gateway protocol,「RIP」: routing information protocol

情報は「メトリック」と呼ばれます．例えば，ルータを通過する回数を示す「ホップカウント」「帯域幅」「通信費用」などが使われます．インターネットはグローバルネットワークアドレスで運用され，運用上の構成単位は自律システム（AS）と呼ばれます．通常，ASは同一管理主体（ISPや企業など）により管理されるネットワークと一致します．インターネットのルーティングは，AS内およびAS間のルーティングに分類でき，インターネット自身がASの集合体とも考えられます．各ASはAS番号によって識別できます．AS内（ドメイン内）のルーティングプロトコルはIGPと呼ばれ，代表的なものにRIP，OSPFがあります．

一方，AS間（ドメイン間）のルーティングプロトコルはEGPと呼ばれ，通常はBGP4が使用されています．インターネットでルーティングプロトコルを用いる場合の適用例を**図 5･11**に示します．企業ユーザAは，インターネットとの通信は必ずAS1を経由して行うため，インターネット宛IPパケットの経路はAS1となります．AS1とAS3は比較的，規模が大きい（ルータ数が多い）ためAS内のルーティング表はOSPFを用いて作成され，AS2は比較的，規模が小さいのでRIPを用いて作成されています．ただし，AS間の経路は共通のプロトコルを使用する必要があるため，ASには依存しないBGP4を適用しています．

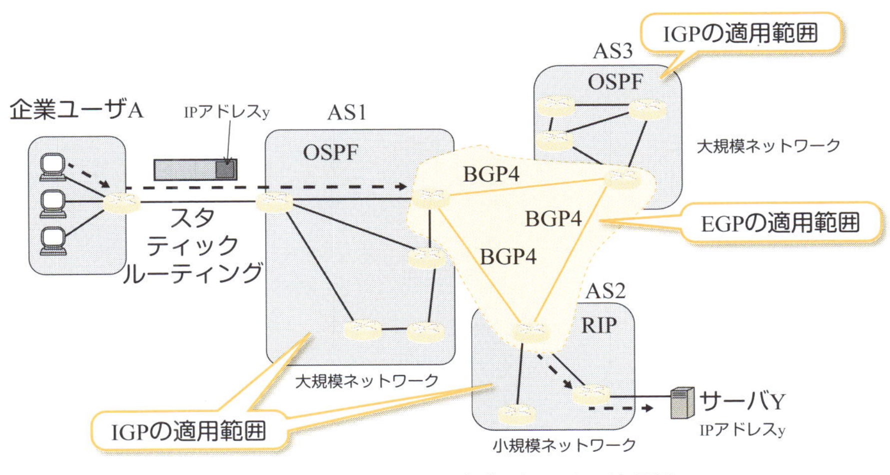

図 5･11■ルーティングプロトコルの適用例

インターネット内でルータAに収容されているホストxがルータBに収容されているホストy（IPアドレス：192.1.1.10）へ向けてパケットを転送するとき

補足⇒「OSPF」：open shortest path first，「EGP」：exterior gateway protocol，「BGP4」：border gateway protocol version4

のルーティング表の使用例を**図 5・12** に示します．IP ルーティング表には，入力パケットの宛先ネットワークのネットワークアドレスとして，192.1.1.0/24，192.1.2.0/24 および 192.1.3.0/24 が登録されています．宛先のホスト y の IP アドレスは 192.1.1.10 であり，このホストはネットワークアドレスが 192.1.1.0/24 と一致するため，出側の方路 B にあたる 192.1.1.1 の IP アドレスをもつルータ 2 へルーティングされます．

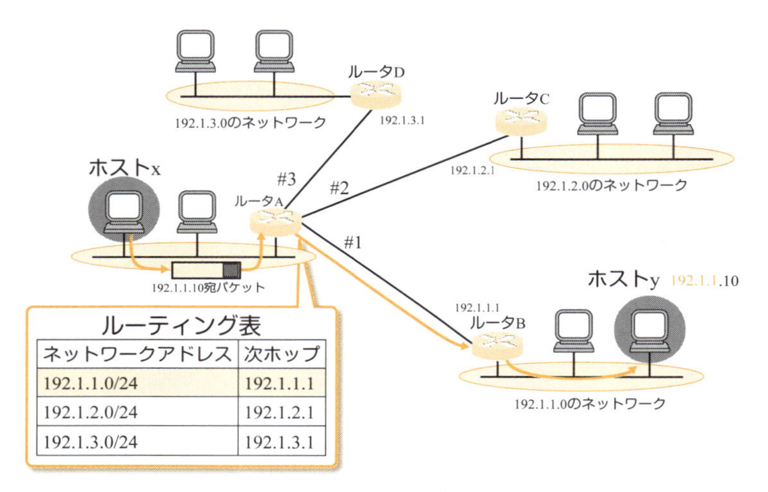

ネットワークアドレス	次ホップ
192.1.1.0/24	192.1.1.1
192.1.2.0/24	192.1.2.1
192.1.3.0/24	192.1.3.1

図 5・12■ルーティング表の使用例

ここで，ルータ 1 のルーティング表においてパケットの IP アドレスに一致するネットワークアドレスは一つのみですが，複数存在する場合もあります．その場合は最長アドレス一致ルールにより，次ホップルータを決定します．

インターネットにおけるルーティング制御の重要な特徴の一つである最長アドレス一致ルールの詳細を**図 5・13** に示します．ルータ C に 196.10.255.3 の宛先 IP アドレスをもつパケットが到着したとします．このとき，ルータ C のルーティング表にはネットワークアドレスとして 196.10.0.0/16 と 196.10.255.0/24 とが登録されていたとします．/16，/24 は，それぞれアドレスの上位ビットから 16 ビットあるいは 24 ビットまでがネットワークアドレスであることを示しています．入力パケットに示された宛先の IP アドレスが 196.10.255.3 の場合は，196.10.255.0/24 のほうが 196.10.0.0/16 に比べて，より長くアドレス値が一致しています．このため，ルータ C は次の転送先ルータとしてはルータ B を選択します．すなわち，IP ルーティング表から宛先を選択する際に，条件に合う宛先が複数ある場合には，合致するネットワークアドレスの範囲が最も長いほうが，より適している最短経路であるとみなし，次の中継ノードとして選択します．このルーティング制御のルールを「最長アドレス一致のルール」と呼びます．

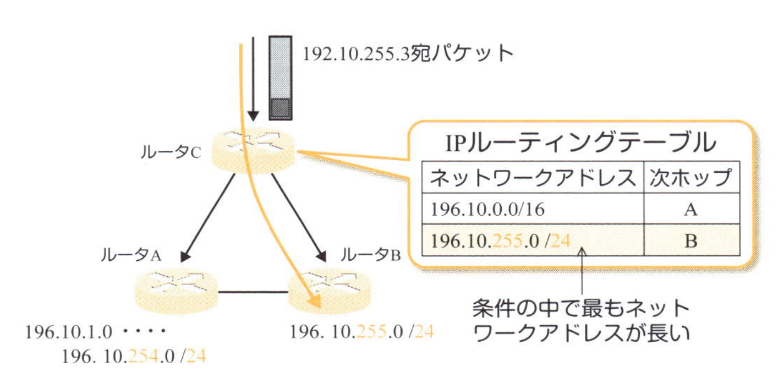

図 5･13■最長アドレス一致ルール

2 CIDR

インターネットでは，ユーザ数の拡大に伴い，ルーティング表で管理が必要なネットワークアドレスの数（エントリ数）が巨大化していきました．巨大化に伴う課題として

① ドメイン間で転送が必要な経路情報の増大や最適経路の計算処理の複雑化

② ルーティング表の増大化によるルータのコスト増加

に対応する必要性が生じ，ルーティング表を簡略化できる手法が検討されました．CIDR（RFC1519）技術はこのような背景のもとで導入されました．CIDR は言い換えるとネットワークアドレスの集約化（スーパーネット化）を行うことにより，ドメイン間の経路情報の抑制を行うための技術です．

図 5･14 に CIDR の適用例を示します．ネットワークアドレス 196.10.1.0/24 から 196.10.255.0/24 までを連続的に使用するドメインが存在した場合を考えます．CIDR では収容するサブネットのネットワークアドレスに共通する上位ビットを抽出し，当該ネットワークアドレスをもつ一つの経路情報に集約します，図の例ではルータ A はルータ C に 196.10.0.0/16 の経路情報を配布することになります．このように CIDR の導入により，複数の経路情報を一つに集約することが

補足⇒「CIDR」：classless inter-domain routing，サイダーと読みます．

でき，ルーティング表の増大化を克服することが可能となります．

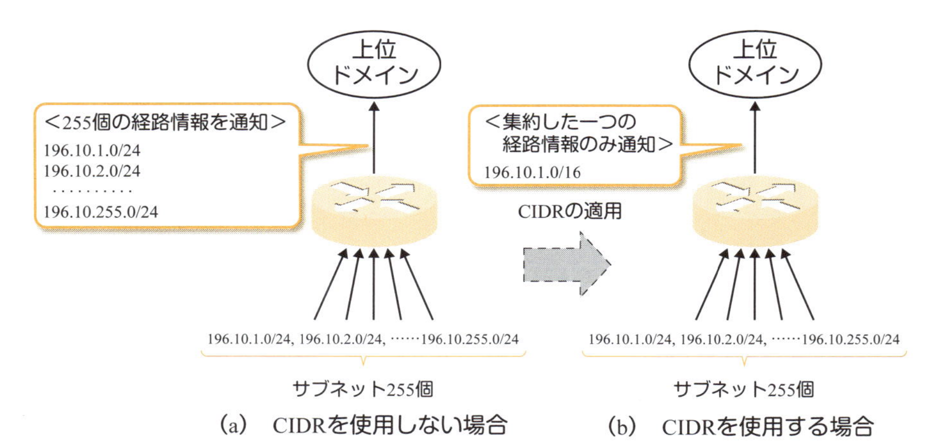

図 5･14■CIDRの適用例

CIDR は VLSM と考え方は類似しています．むしろ，VLSM の概念（サブネットへの分割）を逆転し，ネットワークを集約して，IP ルーティングを効率化した技術と考えるほうがわかりやすいでしょう．ただし，現状ではサブネットへの分割も CIDR と呼ばれる場合があります．インターネットの普及に伴い，全体の経路情報が増大し続けていますが，CIDR の導入により，個別のユーザの経路情報が各ドメインの経路情報にまとめられるため，経路情報は大幅に削減できます．本章で述べる AS 内ルーティングプロトコルの代表である RIP2，OSPF，AS 間のルーティングプロトコルの代表の BGP4 は CIDR を活用しています．

例題 10

図に示すように，ルータ A は五つ，ルータ B は二つのサブネットを収容し，いずれもネットワークアドレス長が 24 ビットとする．CIDR を適用した場合，ルータ A はルータ C に，またルータ B はルータ C にどのような経路情報を配布するか答えよ．またそのとき，ルータ C はどのようなルーティング表を作成するか答えなさい．

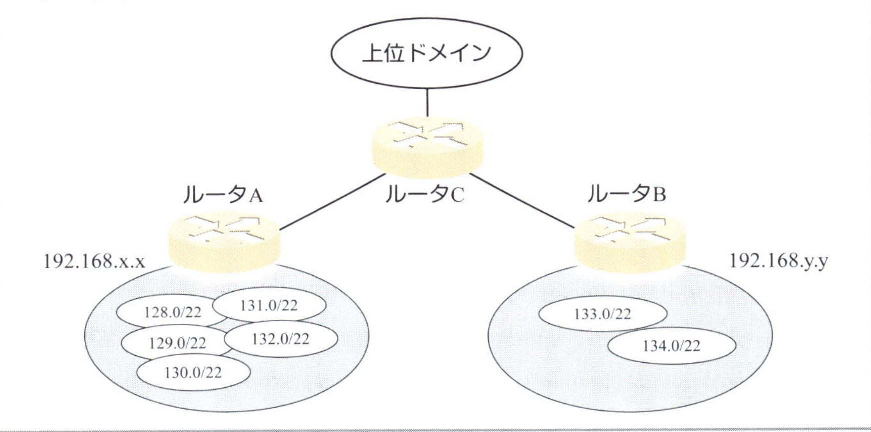

解答 ルータ A は，192.168.128.0/24 ～ 192.168.131.0/24 のサブネットを収容しています．各サブネットのネットワークアドレスは，上位 19 ビットが共通なので，192.168.128.0/19 の経路情報をルータ C に配布します．同様に，ルータ A は上位 22 ビットが共通なので 192.168.132.0/22 をルータ C に配布します．このため，ルータ C は，**表 5･2** のルーティング表を作成します．なお，ルータ C が 192.168.134.0 宛のパケットを受信すると，表のどちらのエントリにもマッチしますが，最長一致の原則により，正しい経路（ルータ C）に転送されます．

表 5･2■ルータCのルーティング表

宛先ネットワーク	次ホップ
192.168.128.0/19	ルータ B
192.168.132.0/22	ルータ C

3 RIP

RIP は，当初，ARPANET におけるルーティングプロトコルとして活用され，一般にはその後 CIDR 対応など機能拡張された RIP2 が使用されています．

RIP の場合，宛先までに経由するルータの数（ホップ数）を尺度（メトリック）として，メトリックが最小になるように次ホップアドレスを決定します．ホップ数をルータ間の距離に，次ホップをベクトル（方向）と見立てて，一般に距離ベクトル型ルーティングプロトコルと呼ばれます．RIP の場合，各ルータがもつ宛先ネットワークのネットワークアドレスとそこまでのメトリック値（以下経路情報）のすべてを，30 秒に一度定期的に隣接するルータ間で交換します．一般に保守者は，各ルータに，当該ルータに接続するネットワークのネットワークアドレスと隣接するルータの IP アドレスを設定します．ただし，隣接ルータより遠方のネットワークの情報（経路情報）は，各ルータがルーティングプロトコルにより自動で入手します．

なお，RIP で扱えるメトリックの最大値は 15 であり，15 を超えると，16（メトリック値無限＝到達不可）とします．すなわち，あるルータが受信した IP パケットの宛先ネットワークアドレスまでのメトリック値(ホップ数)が 16 の場合，その IP パケットは破棄されます．

RIP では**図 5･15** に示すように，ルーティング表の更新原理は単純です．隣接ルータから経路情報を得ると，自ルータでもっていた経路情報と比較します．もし差分があれば，宛先ネットワークアドレスまでのメトリック値が最小になる経路を最適ルートとみなして次ホップ（経路情報を送ってくれた隣接ルータのいずれか）を選び，自ルータのルーティング表を更新します．ただし，それだけではルーティング表の更新が迅速にできない場合（無限カウント問題）があるので，それを防ぐ対策として隣接ルータから伝えられた経路情報を当該ルータには再告知しない方法が取られました（RFC1058）．この方法は**スプリットホライズン**と呼ばれています．

ホップ数 16 以上（RIP では無限大と表現）の検出に時間がかかる場合があり，無限カウント問題と呼ばれています．「無限にカウントしてしまう問題」ではありません．

補足⇒「RIP」：routing information protocol,「RIP2」：RIP version2，
「距離ベクトル型ルーティングプロトコル」：distance vector routing

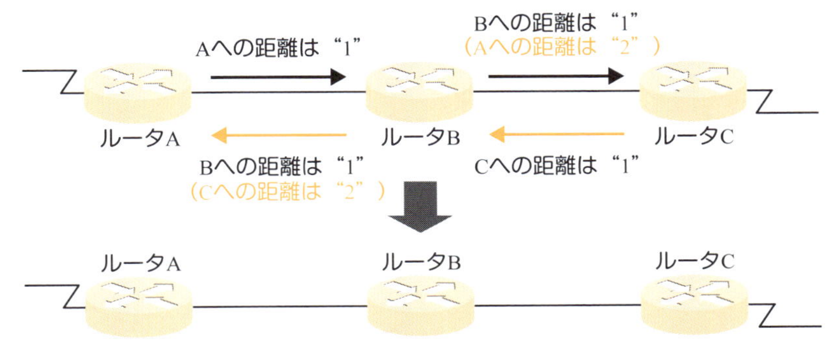

宛先ネットワーク	距離	次ホップ
ルータA	0	−
ルータB	1	ルータB
ルータC	2	ルータB

宛先ネットワーク	距離	次ホップ
ルータA	1	ルータA
ルータB	0	−
ルータC	1	ルータC

宛先ネットワーク	距離	次ホップ
ルータA	2	ルータB
ルータB	1	ルータB
ルータC	0	−

図 5·15■RIPにおけるルーティング表の作成原理

RIP は，1 回の経路情報の交換で隣接ルータまでしか経路情報が伝わりません．このため，スプリットホライズンの対策があっても，経路情報が全ルータまで行き渡り安定するまでの時間が長くなる問題があり，多数のルータで構成するネットワークでは RIP の適用は不向きです．

例題 11

RIP ではメトリックの最大値を 15 としている．このため，ルータが 15 台以上直列に接続する場合には正しくルーティングできない．

メトリックの最大値を 15 より大きくした場合，RIP を動作可能なネットワークの規模を大きくすることが可能であるが，どのようなデメリットが生じるか述べなさい．

解答 ルータやリンクの故障などにより，ネットワークのトポロジーが変化すると，経路情報が全ルータに伝搬するまでは，経路が定まりません．このため，パケット損失や到達順序の逆転などが発生し，通信品質が悪化する可能性があります．すなわち，メトリックの最大値を大きくするに従い，通信品質が悪化する可能性が高まります．ただし，あまり小さくすると適用可能なネットワークが限られてしまうため，両者の得失を考慮して最大値＝ 15 と定められました．

4 OSPF

OSPFはIETFによってインターネット用に開発されたルーティング制御用のプロトコルで，1992年頃からAS内ルーティングに使用され始めました．

OSPFでは，全ルータのすべてのリンクの情報（リンクとルータの接続関係，リンクのネットワークアドレス，メトリックなど）を全ルータで共有し，各ルータのデータベースに格納します．リンクの情報が変化すると，差分のみを隣接ルータを介して全ルータに転送します．各ルータはこの情報（全ルータ同一情報）をもとに，ルータごとにルーティング表を作成します．リンクの情報からルーティング表を作るため，リンクステート型ルーティングプロトコルと呼ばれます．

RIPのように隣接ルータ間で徐々に経路情報を伝搬させるのではなく，経路情報を全ルータに転送するため，ネットワーク内に素早く経路情報を伝搬することができます．

また，RIPのようにルーティング表を定期的にすべて交換するのではなく，差分情報のみを転送するため，ネットワークの規模が大きくなっても，ルータ間の通信量はあまり増加しません．

ただし，管理するリンク数が増大すると各ルータで必要なメモリサイズや処理量が増大する問題があります．

このためOSPFでは，「エリア」という概念を加えたリンクステートアルゴリズム（LSA）が採用されています．このアルゴリズムは相互接続された各ネットワークをそれぞれ個別のエリアと考え，エリア内でのルーティングを行う「エリアルータ」とエリア間を接続する「バックボーンルータ」の二つの階層構造によりルーティング表を構成します．ほかのエリアにあるネットワークの情報については，詳細な情報をエリア内に通知するのではなく，集約ルートもしくはデフォルトルートを通知します．各ルータは必要最小限のルーティング情報を保有すれば最適な経路を選択でき，ルーティング表のサイズと経路選択の処理量を小さくできます．

OSPFではメトリックとして，RIPで用いていたホップ数を用いず，代わりにネットワークの帯域幅に基づいた「コスト」を各リンクに割り当て，宛先ネットワークまでに経由する各リンクのコストの総和を使用します．各リンクのコストの値は，一般に帯域幅の大きさに反比例した値が設定されます．メトリックを最小とする経路の探索には，ダイクストラの最短経路探索アルゴリズムが適

補足➡「OSPF」：open shortest path first,「IETF」：internet engineering task force
「LSA」：link state algorithm

用されます．

OSPFでは，新たにルータが追加されるなどの変更が生じた場合にのみルーティング表の更新が行われるため，RIPと比較して回線へのトラヒック負荷を減らすことができます．このため，RIPと比較してルーティング表の更新用のネットワークリソースの消費や経路計算時の収束時間を短くでき，大規模なネットワークへも対応ができます．OSPFの特徴を以下にまとめます．

① OSPFではリンクメトリックの範囲を1～65 535に拡大．

② 等価コストの複数経路を利用可能．

③ ASをさらにエリアに分割し，エリア内とエリア間での2階層管理が可能．

④ 短い周期で“Helloパケット”を交換し，短時間での経路故障検出が可能．

近年，ほとんどのルータはOSPFを実装し，業界標準として活用されています．

図5・16は，ルータAからルータHの八つの拠点を相互に接続したネットワークにおいてルータAを起点とした場合に，ダイクストラの最短経路探索アルゴリズムを適用してツリー構造のルート経路を確定する場合の例です．

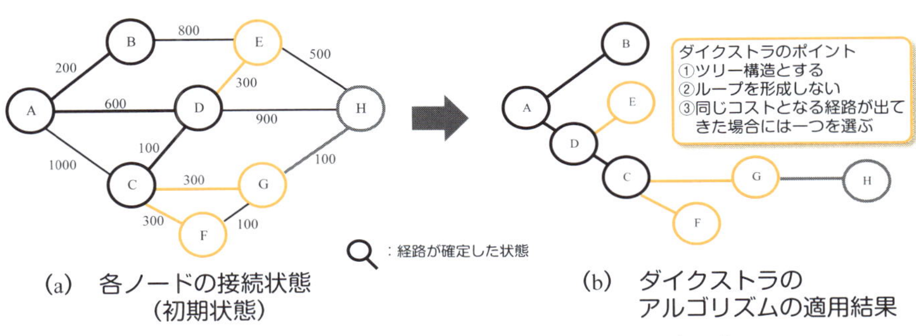

図5・16■OSPFにおけるダイクストラのアルゴリズム

5 BGP4

AS間（ドメイン間）のルーティングプロトコルであるEGPには，BGP4が使用されます．

BGP4は距離ベクトル型ルーティングプロトコルを採用し，AS間でのルーティング制御情報の交換用に使用されます．BGP4はRIP，OSPFと異なり，AS間での経路制御情報の交換を行うルーティングプロトコルであり，インターネッ

補足➡「BGP4」：border gateway protocol version4

トバックボーン上ではTCPを用いて運用されます．BGP4は，隣接ルータの保持するルーティング表の情報が更新されたときだけ，その差分となるルーティング制御用のデータを交換します．

RIPでは各ルータがもつ経路情報の全体を定期的に隣接ルータと交換しますが，BGP4ではOSPFと同様，経路情報の差分のみを交換します．

RIPやOSPFが経路情報をネットワーク内の全ルータに通知するのに対し，BGP4では隣接するAS間でそれぞれを代表する一つ（合計二つ）のルータの間だけで経路情報がやり取りされます．AS内のルータにはIGPにより通知します．この理由は，プロバイダ間での制御用トラヒックを極力少なくするためです．

BGP4では，ASごとに設定されたASパス（通過するAS順にAS番号を並べて標記したルーティング表の情報）の情報を活用して，任意のインターネット上の2点間の通信を可能としています．RIPやOSPFでは経由するルータを単位として最適経路を求めますが，BGP4ではそれらルータやリンクをひとまとめにしたASを単位として最適経路を求めます．

BGP4では経路のループを防ぐために，ASパス内に自分のAS番号が含まれている場合にはその情報を廃棄します．BGP4によって経路情報を交換する（ピアリング）AS間のルータどうしは，信頼性の高いTCPコネクションで接続され，自ルータの正常性が相手ルータへ定期的に伝えられます．

まとめ

本章では，物理層，データリンク層およびネットワーク層の機能を学びました．

物理層では，物理的条件と電気的条件が規定されています．データリンク層では，同一LAN内の通信機器（ホストノード）との接続インタフェースが規定されています．使用するメディアの特徴の違いにより，規定が異なります．ネットワーク層では，異なるLAN内のホストノードに，IPパケットを届ける機能が規定されています．インターネットではIPv4またはIPv6が使用可能です．IPパケットを届ける経路は，ルーティングプロトコルで決定します．インターネットはASと呼ばれるネットワークを単位として構成され，AS内のルーティングプロトコルは主にOSPFが使用されます．AS間ではBGP4のみが使用されています．

例題 12

OSPFは，複数のルータをまとめてエリアとして管理することで，RIPに比べて大規模なネットワークに対応できるようになった．もし，BGP4を使用せず，インターネット全体をOSPFの多数のエリアに分割し接続した場合，発生する問題を述べなさい．

解答 OSPFでは，隣接エリアより遠方のエリアの接続関係を知る手段がなく，経路選択に反映することができません．このため宛先のネットワークまで多数のエリアを経由する必要がある場合，最適経路を通れるとは限りません．むしろ宛先に到達できなかったり，あるいは，経路のループが発生したりする危険もあります．

このため，AS間の接続関係を把握し経路選択に反映できるEGPが必要になります．EGPとしては必ずしもBGP4である必要はありませんが，相互接続するAS間では同一のEGPを使用する必要があります．このため，固有名詞としてのインターネットに接続する場合，BGP4以外の選択肢はありません．

練習問題

① CSMA/CA では，信号衝突時の再送間隔を 1 ～ CW の範囲からランダムに選択します．ランダムとせず固定値とすると，どんな不具合が起きますか．

易☆☆☆難

② バイナリバックオフ方式では，CW を上限値まで再送ごとにおおよそ 2 倍に大きくします．例えば，二つのフレームの衝突が発生したとして，最初から CW の値が上限値だったとすると，どんな不具合が起きますか．また，CW の値を段々と大きくする理由を述べなさい． 易☆☆☆難

③ 以下の(1)～(3)について，誤りがあれば指摘しなさい． 易☆☆☆難

(1) スタティックルーティングでは，経路情報を隣接するルータ間で交換し，自動でルーティング表を構築する．このため，リンク故障などが生じると，ルーティング表が更新され，正常なリンクを経由して通信を継続することができる．

(2) リンクステート方式のルーティングプロトコルの場合，一般に，全ルータが，ネットワーク内のすべてのリンクの状態をデータベースに保持する．各ルータはそのデータベースをもとに，個々に，宛先ネットワークまで取り得る経路の中からメトリックを最小とする経路を選択して，ルーティング表を作成する．

(3) ルーティングプロトコルは，単一の運用ポリシーで管理される AS 内で使用する EGP と，AS 間で使用する IGP に分類することができる．IGP の主要なプロトコルは，RIP と OSPF がある．EGP では，インターネットではさまざまなプロトコルが使用されている．その一つに BGP4 がある．

④ A 社は，ISP である B 社から，クラス C のアドレス 192.168.220.0/24 を割り当てられました．A 社には，図に示すように，東京の本店と，地方の 3 支店があり，それぞれ，最大 60 個，30 個，10 個，10 個のホストアドレスが必要です．各支店のルータは専用線で東京のルータ 1 と接続し，東京のルータ 2 は専用線で ISP のルータと接続します．今後，各支店で必要なホストアドレス数は増えない見込みですが，支店数は増える可能性があります．このため，各支店と，各支店を接続する WAN リンクにおいて，未使用になる IP アドレス数が最小となるように，ネットワークアドレスを割り振る必要があります．また，将来支店が増えたときに，割り当てる IP アドレスが分断さ

れないようにしておく必要もあります.

(1) 各支店と WAN リンクに割り当てるサブネットの最適なホストアドレス長を答えなさい.

(2) それぞれに割り当てるネットワークアドレスの例を示しなさい.

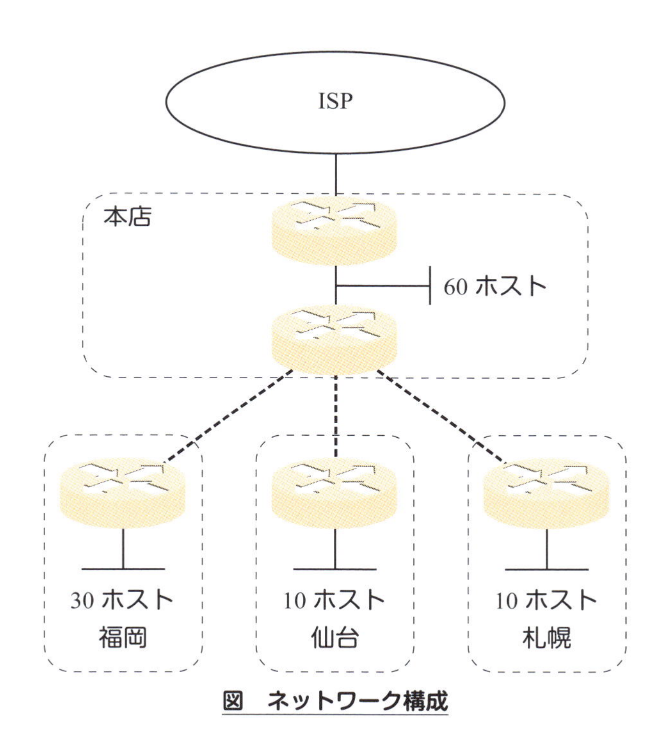

図 ネットワーク構成

Memo

Date　・　・

6章

プロトコル階層Ⅱ 上位プロトコル

本書では，OSI 参照モデルの上位４層である，トランスポート層，セッション層，プレゼンテーション層およびアプリケーション層を上位プロトコル，と呼びます．

インターネットのトランスポート層では TCP と UDP が主に使用され，セッション層からアプリケーション層は一体となって実装されることが多く，サービスの要件によって TCP と UDP を使い分けます．本章では，各層に必要な機能と，それらをインターネットの上位プロトコルがどのように実現しているのかを中心に学びます．

6-1 上位プロトコルの位置付け

キーポイント

第４層のトランスポート層は，ネットワーク層の機能を利用し，アプリケーションにデータ通信機能を提供する役割を担っています．インターネットの主要なトランスポート層プロトコルは，TCP と UDP であり，TCP は上位の層にコネクション型の信頼性の高い通信サービスを提供します．UDP は上位の層にコネクションレス型のリアルタイム性の高い通信サービスを提供します．第５～７層は，単一のプロトコルとして，あるいはサービスに依存した機能分割により実装されていることが多く，インターネットでは第５～７層をまとめてアプリケーション層として扱うのが一般的です．具体的なアプリケーションプロトコルとしては，TELNET，FTP，HTTP などがあります．

1 トランスポート層の概要

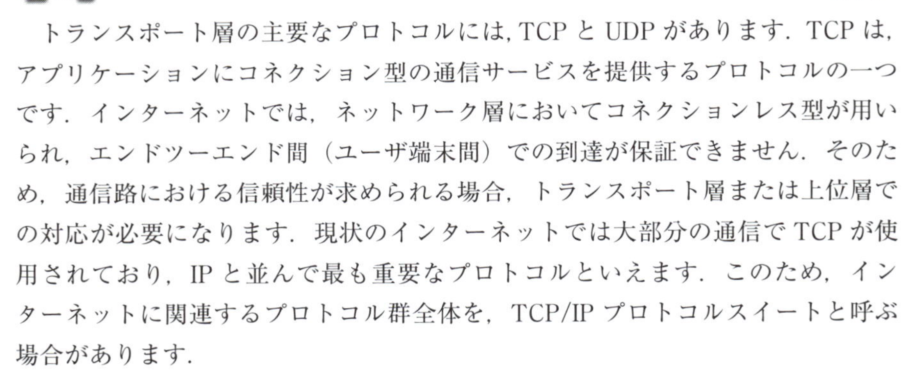

トランスポート層の主要なプロトコルには，TCP と UDP があります．TCP は，アプリケーションにコネクション型の通信サービスを提供するプロトコルの一つです．インターネットでは，ネットワーク層においてコネクションレス型が用いられ，エンドツーエンド間（ユーザ端末間）での到達が保証できません．そのため，通信路における信頼性が求められる場合，トランスポート層または上位層での対応が必要になります．現状のインターネットでは大部分の通信で TCP が使用されており，IP と並んで最も重要なプロトコルといえます．このため，インターネットに関連するプロトコル群全体を，TCP/IP プロトコルスイートと呼ぶ場合があります．

図 6･1 に TCP/IP の OSI 参照モデルでの位置付けを示します．TCP は IP を使用することで，物理層やデータリンク層を意識せずに，発端末内のアプリケーションから着端末内のアプリケーションまでデータを送り届けることができます．TCP/IP は簡易な規定で相手先への到達機能を実現することに主眼がおかれ，コンピュータ通信の発展とともに広く普及しました．

補足➡「TCP」：transmission control protocol,「UDP」：user datagram protocol,「ASCII」：american standard code for infomation interchange

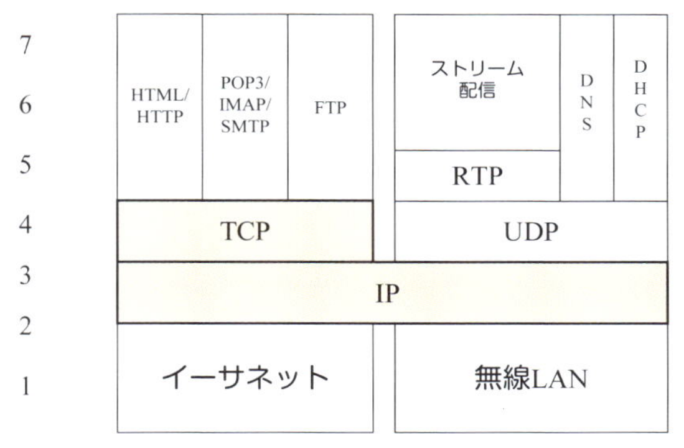

図 6・1■TCP/IPのOSI参照モデルでの位置付け

2 上位層の概要

OSIの規定のなかで，トランスポート層より上位のプロトコルであるセッション層は，アプリケーション間でデータ転送を開始するための合意の形成や，データ転送の進捗状況の確認，終了などの会話（セッション）制御を行います．例えば，ホストAが「これからユーザIDとパスワードを送るので，認証してください.」とサーバBに問合せを行うと，サーバBは「認証が成功しました．次はデータ転送時の転送タイプ（テキストまたはバイナリの違いなど）を設定してください.」と応答します．また，大量のデータを送信時に，例えば数百ページにおける文書転送を行う場合であれば10ページごとに相手への受取り確認を行う機能（同期機能）なども含まれます．

一方，プレゼンテーション層では，アプリケーションの目的に合ったデータ形式を規定します．例えば文字データの形式としてASCII符号，EBCDIC符号，写真や動画などを含んだマルチメディア情報の符号化方法，圧縮方法などを規定します.アプリケーションの内容そのものとは直接的にはかかわらない暗号形式なども，プレゼンテーション層で規定することができます．

インターネットでは，OSI参照モデルにおけるセッション層からアプリケーション層までをまとめて単一の層,アプリケーション層としてモデル化しています.実際，インターネットのアプリケーションは，トランスポート層より上位は単一のプロトコルとして，あるいはサービスに依存した機能分割により実装されているのが実情です．例えば，Webサーバとブラウザ間でのデータ転送に使用する

補足➡「EBCPIC」: extended binary coded decimal interchange
「HTTP」: hyper text transfer protocol,「SMTP」: simple message transfer protocol

プロトコルとしてHTTPがあります．また，電子メールサービス用として SMTPがあります．ただしそれらが使用するデータの表現方式などは，個別に規定されています．

例えば，マルチメディアをやりとりする電子メールに含まれる情報種別や符号化方式は，MIMEにより規定されています．また，Web上の文書の表現方法は，HTMLにより規定されています．

アプリケーション層には，上記のようにユーザが直接利用するサービス種別のほかに，異なるサービスで共通に利用されるプロトコルもあります．例えば，DNSと呼ばれるアプリケーションはホスト名をIPアドレスに変換する機能をもち，DHCPはネットワーク接続されるホストに対してIPアドレスを割り当てる機能をもちます．

このように，インターネットでは，セッション層やプレゼンテーション層での機能を個別には規定していないことに着目することが重要です．電子メールやWebサービスなどのアプリケーション層の具体例は7章で述べます．

上位プロトコルや，データリンク層以下のプロトコルにはさまざまなものがあるのに，インターネットのネットワーク層はIPだけなんですね．

2000年ごろまでは**IPX**や**Apple Talk**というプロトコルも一部で使われていましたが，現状では，**IP**が事実上の標準となっています．上下の層にかかわりなく，**IP**に対応していれば，相互通信が可能なため，インターネットは急速に発展できたともいわれています．この特徴は，**IP**砂時計と表現されることもあります．すなわち，砂時計モデルが成功の秘訣だったといっても良いでしょう．

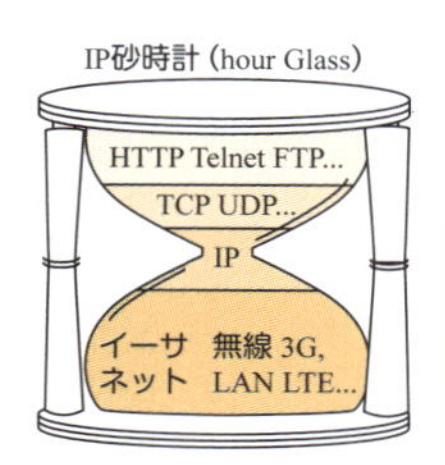

補足➡「MIME」：multipurpose internet mail extension，「HTML」：hyper text markup language，「DNS」：domain name system，「DHCP」：dynamic host configuration protocol

6-2 TCP

キーポイント

TCP には，異なる端末のアプリケーション間で，ネットワーク層の機能を利用してデータ（セグメント）を転送する機能が規定されています．アプリケーションの識別には，ポート番号が用いられ，ポート番号はアプリケーションの種類ごとに値が割り振られています．TCP は，送達確認機能と再送機能によりアプリケーション間に信頼性の高いデータ転送機能を提供します．また，フロー制御機能により，受信側のデータオーバフローを防止します．さらに，輻輳制御機能により網の輻輳を軽減する手順があります．

1 TCP セグメントのフォーマット

TCP は，セグメントと呼ばれるデータ単位でホスト間の通信を行います．セグメントのフォーマットを**図 6·2** に示します．

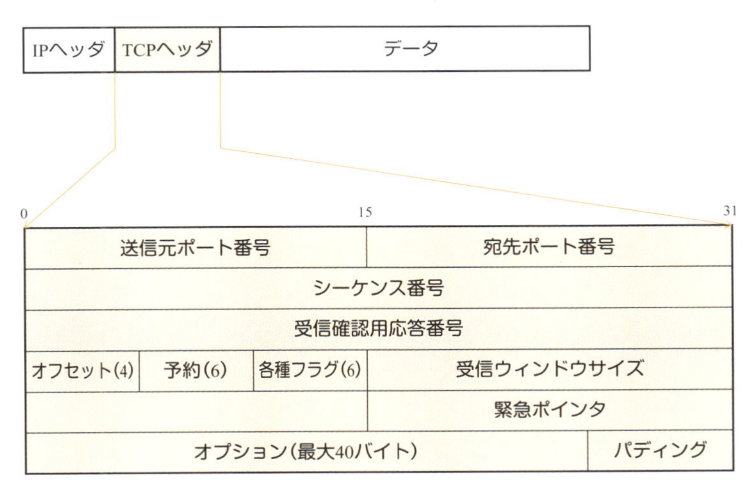

図 6·2■TCPセグメントのフォーマット

図 6·2 の各種フラグ用のフィールド（6 ビット）には，URG，ACK，PSH，RST，SYN，FIN があり，それぞれ 1 ビットが割り当てられています．これらのフラグを用いて，TCP の特徴であるコネクションの制御やデータ転送の優先処理を行います．URG は緊急データ（転送中のデータに割り込んで受信側のアプリケーションが処理すべきデータ）が含まれることを相手ホストに指示しますが，

補足➡「セグメント」：segment，「URG」：urgent，「ACK」：acknowledgement，「PSH」：push，「RST」：reset，「SYN」：synchronization，「FIN」：final

通常では使用されません，ACK は相手側から受け取った TCP セグメントに対する応答番号の有効 / 無効を示します．PSH は送信側が当該 TCP セグメントをアプリケーション側に速やかに渡すことを指示し，RST は TCP の接続状態を強制的に解放することを指示します．SYN は TCP のコネクションの確立を要求する場合に使用し，FIN は TCP コネクションの終了を要求する場合に使用します．TCP ではこれらのフラグを適宜使用することにより，エンド - エンド間で信頼性の高い全二重通信が実現できます．そのほかの主要なヘッダ領域の用途を以下に示します．

① 送信側・受信側ポート番号は TCP 層におけるアドレスに対応し，セグメントデータの送信側・受信側のアプリケーション識別に使用します．

② シーケンス番号は，TCP コネクションが設定されてから送信された全データの通番を意味します．通常はバイト単位で，セグメントデータの最初のバイト*番号を示します．インターネットでは，セグメントの順番が入れ替わって到着する場合があるため，受信側は，シーケンス番号を用いて正しい順序に戻す順序制御やセグメント損失の検出に使用します．

③ 応答番号は，受信側が次に受信することを期待しているシーケンス番号を意味します．送信側は，応答番号によって受信側がどこまでの番号に対応するデータを受信したかを認識します．送達確認や再送制御に使用します．

④ ウィンドウサイズは，受信側が受信したデータの格納に使用できるメモリのサイズを意味し，フロー制御に使用します．

一方，UDP は，端末内のアプリケーションにコネクションレス型の通信サービスを提供するプロトコルの一つです．UDP は，データグラムと呼ばれるデータ単位でホスト間の通信を行います．UDP はコネクション型の TCP に比べ，エンド - エンド間での通信品質にかかわる信頼性は低くなります．しかしながら，TCP に比べ処理が簡易なため，データ転送の遅延が少なく，リアルタイム通信に適しており，音声や映像などのストリーム伝送や，7 章で説明する DNS サービスにも使用されています．UDP のフォーマットを**図 6･3** に示します．ポート番号はアプリケーションの識別に使用します．なお，TCP も後述するようにポート番号によりアプリケーションを識別します．

ストリーム伝送では，伝送するストリームによらず，メディアストリームの種類やシーケンス番号，タイムスタンプなどの情報の転送が必要です．このため，これらの情報を転送する共通規定として RTP が RFC 1889 で規定され，UDP と

(*) 通信の専門家はしばしば「1 バイト」(8 ビット) を「1 オクテット」と呼んで，データ量の単位に用いる場合があります．

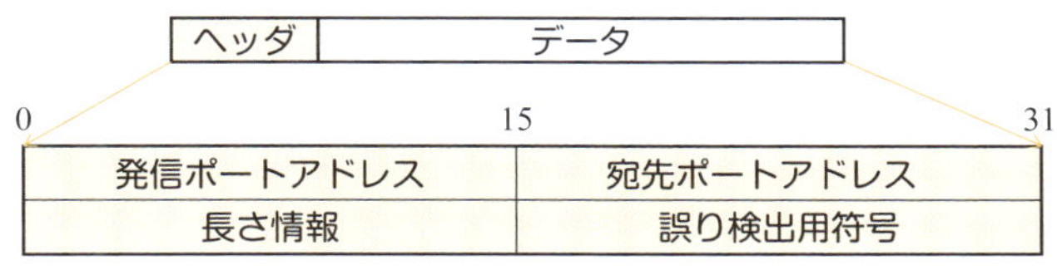

図 6·3■UDPデータグラムのフォーマット

組み合わせてトランスポート層のプロトコルとして利用されています．

2 TCP の通信手順

TCP のコネクション通信手順を**図 6·4** に示します．コネクションの設定にあたっては，ホスト A と B の間で三つの TCP セグメントの送信が行われるため，

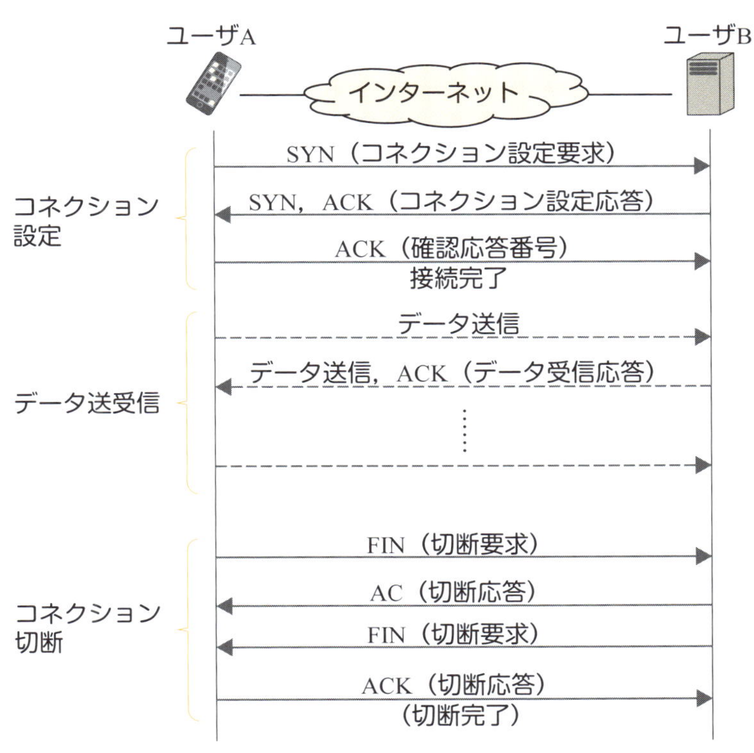

図 6·4■TCPにおけるコネクション設定手順

補足➡「データグラム」：datagram，「DNS」：domain name system，「RTP」：real-time transport protocol，「MSS」：maximum segment size

片道×3回（3way）の握手（スリーウェイハンドシェイク）と呼ばれます．TCPはアプリケーションから渡されたデータをTCPセグメントにカプセル化しますが，一つのTCPセグメントにカプセル化可能な最大データサイズをMSSと呼びます．データサイズがMSSを超過する場合は，複数のセグメントに分割します．一般的なイーサネットの場合，最大データサイズ（MTU）は1 500バイトで，このデータサイズからIPヘッダ（20バイト）とTCPヘッダ（20バイト）を差し引いた1 460バイトが一般的なMSSの大きさになります．

データ送信が完了すると，双方向独立に送信を完了した側からコネクションを解放します．

3 プロセスの識別

ネットワークを介した通信サービスを実現する場合には，異なるホスト（クライアントとサーバ）上のアプリケーションが協調して動作を行う必要があります．この協調動作を実現するため，一般的なOSでは，コンピュータプログラム内のプロセス（アプリケーション）とOSが提供するトランスポート層以下のTCP/IP通信機能との間を仲介するためのインタフェースが規定され，一般にソケットと呼ばれています．コンピュータ（ホスト）内のアプリケーションはソケットを利用することで，異なるホスト上のアプリケーションと通信が可能になります．ソケットは同じ通信相手（ホスト）に対して複数設定できるため，多くのアプリケーションが同時に使用できます．

図6·5にTCPにおけるソケット識別の考え方を示します．ソケットはIPアドレスとポート番号（$0 \sim 65\,535 = 2^{16} - 1$）との組合せで識別ができ，各種のプロセスに割り当てることができます．IPアドレスはネットワークに接続された相手コンピュータ（ホスト）の識別に用いられますが，ポート番号は，ホスト上で動作しているプロセスに情報を届けるために活用されます．すなわち，同一ホスト間でも，複数のサービスを同時に受けられるように複数のポートを使用します．ここで，0～1 023は，ウェルノウンポートと呼ばれ，代表的なサーバプロセス用に割り当てられています．例えば，FTP（ファイル転送）用に20，21（転送制御用），SMTP（メール送信）用に25，POP3（メール受信）用に110，HTTP（Webアクセス）用に80，HTTPS（セキュアHTTP）用に443が割り当てられています．ポート番号の1 024～5 000はシステム管理者が管理するサー

補足➡「OS」：operating system

バプロセスに割り当てられ，一般ユーザが使用するサーバプロセスとしては，5 001 ～ 65 535 が使用されます．このように，各種のソケットを同時に使用可能なため，さまざまな種類のプロセスを同時に実行して，さまざまな通信相手と並列に送受信することが可能です．

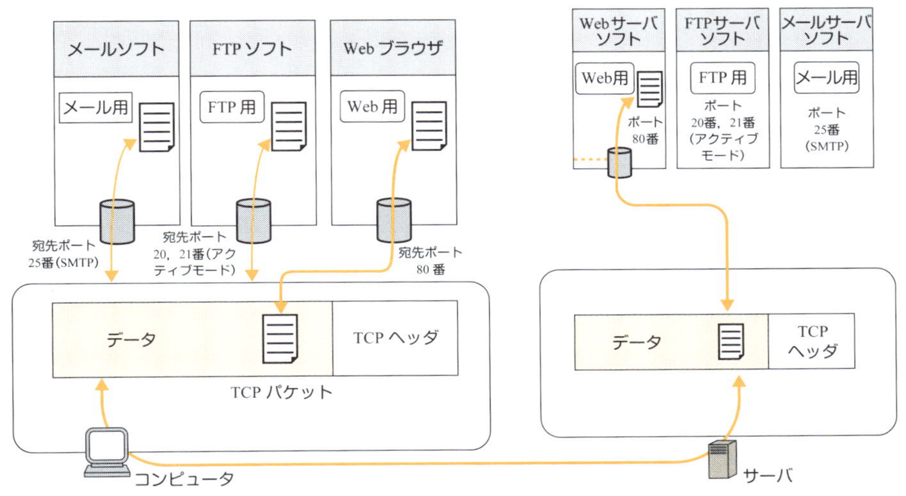

図 6・5■TCPのソケット識別

4 TCP のフロー制御と輻輳制御

TCP を用いた場合の送達確認の原理を**図 6・6** に示します．送信ホストから受信ホストに TCP セグメントを 1 個送ると，受信ホストは確認応答（ACK）を返送します．図では，送信ホストは ACK を受信後に次の IP パケットを送信しています．しかしながら，送信ホストと受信ホスト間の往復時間（ラウンドトリップタイム，RTT）が大きくなると，データの転送効率は低下します．このため，TCP の実際の実装では受信側からの ACK を待たずに，TCP セグメント（パケットデータ）を，複数個連続して送信します．ただし，連続して送信できるデータの量には上限があり，ウィンドウサイズと呼ばれます．TCP が送信するデータのビットレート（送信レート）は，おおよそウィンドウサイズ /RTT になるため，ウィンドウサイズを制御することで送信レートを制御できます．

補足⇒「ウェルノウンポート」：well known port

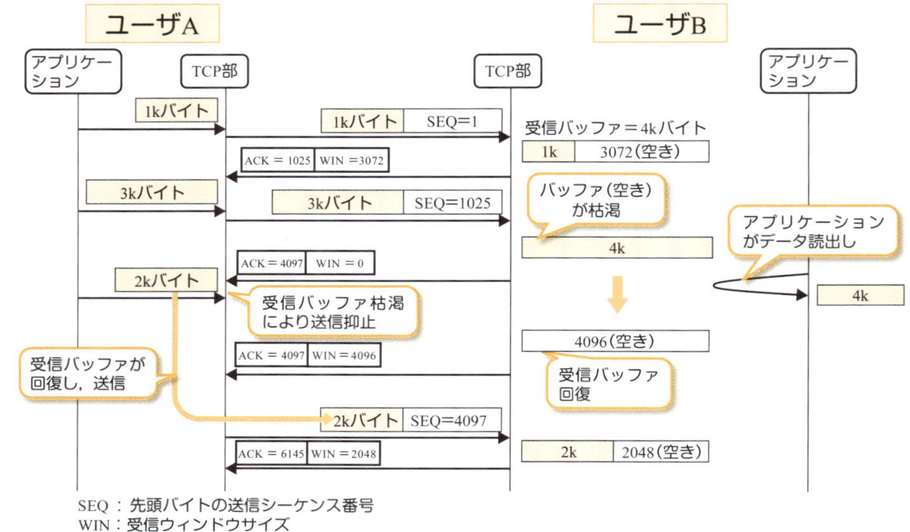

図 6·6■TCPにおけるフロー制御

TCP の基本的な実装（RFC 793，RFC 5681）では，2 種類のウィンドウ，受信ウィンドウと輻輳ウィンドウを使って，送信レートを制御します．受信ウィンドウの値は，受信ホストが使用可能な受信バッファサイズ（受信したセグメントを格納するメモリサイズ）に対応し，受信ホストが ACK セグメントで送信側に通知します．受信端末のリソースを超過しデータがオーバーフローしないように送信レートを制御する処理をフロー制御またはウィンドウ制御と呼びます．

輻輳ウィンドウの値は，ネットワークを輻輳させないために，送信ホストが自律で決定します．ネットワークを輻輳させないように送信レートを制御する処理を一般に輻輳制御と呼びます．送信ホストは，ACK を受信する前に，受信ウィンドウと輻輳ウィンドウの両方の値を超えないセグメントを送信することができます．受信ウィンドウと輻輳ウィンドウの小さいほうのウィンドウサイズが，送信レートを決めることになります．

受信ホストが送信ホストに指示する受信ウィンドウサイズが十分大きい場合に，送信ホストが輻輳ウィンドウサイズを制御するしくみを以下に説明します．TCP では，「TCP セグメントの再送が起きればネットワークが輻輳している可能性がある」と判断し，「再送がなければ，徐々に送信レートを大きくする」よ

補足➡「RTT」：round trip time

うにふるまいます．例えば，通信開始後，最初に送信したセグメントが受信ホストに到達し，応答確認が戻ってきた場合，送信ホストは，輻輳ウィンドウのサイズを次の転送時には2倍に設定します．このように，ACKを受信するごとに輻輳ウィンドウサイズを2倍に増やし，次の送信時には2倍のセグメントが送信できるようにします．したがって，セグメントの損失が生じない限り，1RTTごとに輻輳ウィンドウのサイズが2倍になります．この段階をスロースタート状態と呼びます．スロースタート状態では，輻輳ウィンドウのサイズは，時間とともに送信側であらかじめ設定したスロースタート閾値（ssthresh）に到達するまでの間は，指数関数的に増大します．

ssthreshとは，ネットワークを輻輳にさせない目安となるウィンドウサイズです．輻輳ウィンドウサイズがssthreshを超えると，ネットワークの輻輳回避のため，＋1ずつ輻輳ウィンドウサイズを増加する状態（輻輳回避状態）へ移行します．＋1ずつ増やす理由は以下のとおりです．ssthreshを超えたことから，ネットワーク輻輳が起きる危険はあるものの，その一方で，ネットワークの空きがある可能性もあるため，少しずつ送信レートを上げることにより，最適な輻輳ウィンドウサイズを探るためです．仮に，ssthreshに到達する前に，送信側へ一定の時間以内にACKが返送されないことが生じた場合，送信側は予想よりもネットワークが混雑していたと解釈し，輻輳ウィンドウの値を最初のスロースタートのときと同様に1パケット分に戻します．またssthressの値を応答待ちセグメント数の2分の1に減らし，ネットワークを輻輳させない目安を小さく設定します．

以降，この制御アルゴリズムを繰り返します．実際はもう少し複雑です．ここまでに述べた輻輳ウィンドウサイズの変化の過程を**図6·7**に示します．TCPレベルでの最適な輻輳制御は，特定の二つのホストの状態だけでは決まらず，ネットワーク全体の公平性を考慮して判定することが重要です．

補足⇒「ssthresh」：slow start threshold

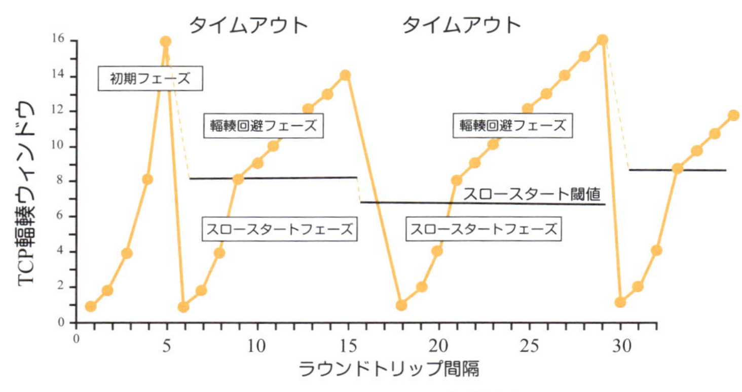

図 6·7■TCPにおける輻輳制御

例題 1

以下の文章の空欄に最も適した技術用語を埋めなさい.

⑴ TCP は（ ① ）層のコネクション型プロトコルの一つである. 送信側ホストと（ ② ）間でコネクションを設定してからデータ転送を行う.

⑵ TCP では, 受信データの順序整合やデータ損失の検出などができるように, 送信する TCP セグメント順に（　　）が付与される.

⑶ UDP や TCP では, 通信相手のホスト上のアプリケーションを指定するため,（　　）番号を使用する.

⑷ TCP と UDP を比較すると, ホスト間で高信頼なデータ転送を実現したい場合は（ ① ）の使用が適している. 信頼性よりもリアルタイム性を実現したい場合は（ ② ）が適している.

⑴①トランスポート, ②受信側ホスト, ⑵シーケンス番号, ⑶ポート, ⑷① TCP, ② UDP

6-3 TCPの上位層

キーポイント

インターネットのアプリケーションの中で最も基本的なアプリケーションには遠隔ログイン（TELNET（RFC 854）），SSH，ファイル転送 FTP（RFC 959），電子メール配送 SMTP（RFC 2822），WWW アプリケーションを構成する HTTP（RFC 2616）などがあります．本節では，具体例として TELNET，SSH，FTP の基礎についてプロトコルの概略を述べます．SMTP や HTTP については，7章で具体的な使用例とともに技術の詳細を述べます．

1 TELNET と SSH

TELNET はインターネットの初期に，電話回線に接続されたアクセスポイント（サーバやルータなど遠隔にあるホスト：remote host）に PC（手元にあるホスト：local host）からリモート接続（遠隔装置からのログイン）するために用いられる仮想端末プロトコルです．

TELNET を用いて，ローカルホストからルータにリモート接続する例を**図 6・8** に示します．TELNET によるリモート接続を行うためには，あらかじめリモートホストの仮想端末を TELET サーバに直結しているコンソールから設定します．このとき，リモートからログインができるように認証パスワードを設定します．この後，ローカルホスト内の TELNET クライアントが TeraTerm などのターミナルエミュレータソフトや Windows のコマンドプロンプトを使って，TELNET サーバであるルータ（リモートホスト）にログインができます．図は，二つの端末が TELNET でリモートログインしている状態を示しています．

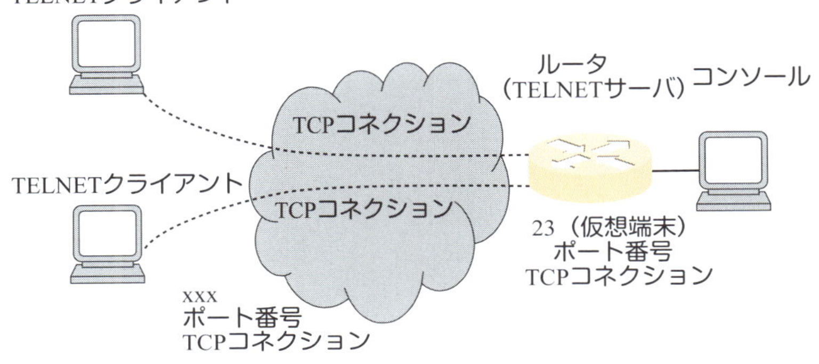

図 6・8■TELNETによるルータとの接続

補足➡「TELNET」：teletype network

TELNETはクライアントとサーバの間で信頼性が高い通信が必要なために，サーバのポート番号は23を用いたTCPを活用します．ルータをインターネットに接続するためには，回線インタフェースにIPアドレスとサブネットマスクを設定するとともに，許可されたTELNETクライアントのIPアドレスだけを受け入れるためのアクセス制御リストの設定を行うことが必要です．この一連の設定により外部からの侵入を防止することができます．しかしながら，TELNETでは通信路が暗号化されないため，最近ではインターネットを介したリモート接続にはほとんど使用されず，通信路の暗号化が可能なSSHが主に使用されています．SSHでは暗号化のためにSSL/TLS（8-3節参照）が使用され，ポート番号はTCPの22番を用います．SSHは仮想端末機能のほかにポートフォワード機能をもっています．ポートフォワード機能は，SSHで使用されるポートをほかのアプリケーションのポート番号へ直結させ，暗号化機能をもたないプロセス間でもSSHを経由して暗号化通信を行うことができます．

TELNETでは通信文が暗号化されないため，現在はリモートログイン用には，ほとんどの場合SSHが使用されています．

2 FTP

ファイル転送プロトコルFTPは，IPネットワークに接続されたホストから別のホストにファイルを転送するためのプロトコルです．

図6·9に示すFTPのシーケンス例では，制御用（ポート番号21）とファイル転送用（ポート番号20）の二つのTCPコネクションを用います．制御用コネクションでは，クライアントからのコマンドとサーバからの応答コードがやりとりされます．コマンドと応答コードに従って，データ転送用のコネクションが設定され，その後，ファイルの転送が行われます．

FTPでは，あらかじめユーザの登録とパスワードの設定が必要です．ユーザからのFTPコマンドにより，サーバのポート番号21に対してTCPのコネクションが設定され，サービス可能である旨の応答コードが返送されます．ユーザは続いて，ユーザ名とパスワードを投入し，正常に認証された場合にはログインが成功します．この後，クライアントは，PORTコマンドにより，転送先のIPア

補足➡「SSH」：secure shell
「FTP」：file transfer protocol

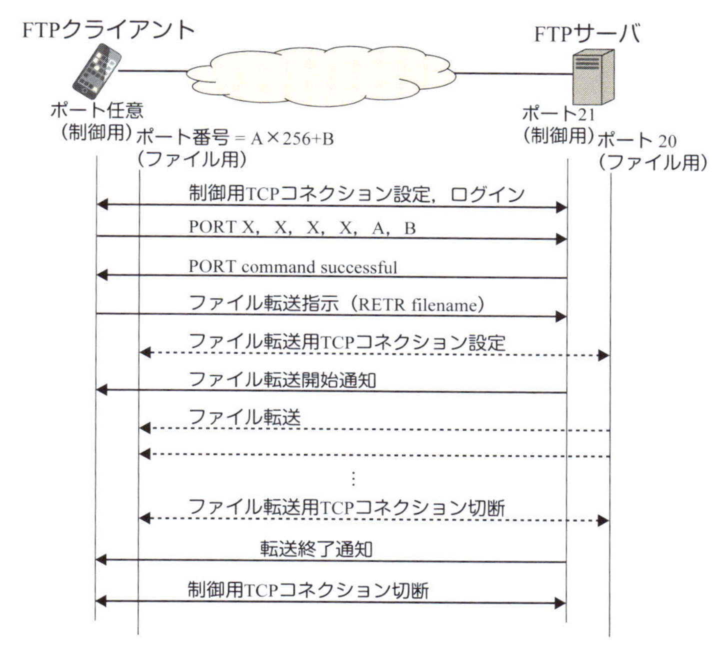

図 6-9 FTPの通信例

ドレスとポート番号をサーバに送ります．それら情報は8ビットずつ「,」で区切って表現します．たとえばクライアントのIPアドレスが「X. X. X. X」，ポートがA × 256 + Bの場合，「X，X，X，X，A，B」となります．FTPでは，ほかのホストを転送先に指定することも可能です．続けて，ユーザは転送するファイルを指定します．サーバからクライアントに転送する場合は，コマンドラインで「get」コマンド，クライアントからサーバに転送する場合は「put」コマンドを用います.サーバはクライアントからファイル転送のコマンドを受信すると，PORTコマンドで指定されたクライアントのポート番号に対してTCPのコネクションを確立し，サーバとクライアントとの間でファイルを転送します．転送が終わるとコネクションを切断し，制御用のコネクションを使って転送が完了したことが通知されます．ユーザのterminateコマンドでFTPのセッションが切断され，通信は終了します．

この通信では，サーバ側からデータ転送用のコネクションを設定しています．このような方法はアクティブモードと呼ばれます．しかし,アクティブモードは,クライアント側にファイアウォールが設置されているとデータ転送用のコネクションが設定できません．一般に，ファイアウォールは外部からの攻撃を防ぐために，クライアントからの TCP 接続要求とその応答のみを許可するからです．この問題に対処するため，パッシブモードと呼ばれる接続方法があります．クライアントがパッシブモードの要求をすると，サーバは接続先の IP アドレスとポート番号を指定します．このときのポート番号は 20 ではなく，ランダムな値が使用されます．クライアントはそのポート番号に対してコネクションの設定要求を行います．このようにしてパッシブモードの要求を受け入れられた後は，ファイアウォールはクライアントからサーバへの方向の接続要求を許可し，ファイル転送が可能になります．

一方，匿名 FTP と呼ばれるダウンロード専用のプロトコルがあります．例えば，Web ブラウザで URL が ftp:// ～となる場合は，anonymous FTP サーバへの接続を示し，ユーザ ID としては anonymous，パスワードとしてはメールアドレスを使用することでファイルの受信が可能になります．インターネット接続において内容の機密性が低く，暗号化の必要性がない場合には anonymous FTP が使用されます．このように，一般的には，FTP サーバへの接続はユーザ ID，パスワード，データ内容は暗号化されていませんので，anonymous FTP を除き，インターネットで FTP を使用する機会は少なくなっています．最近では，SSH のポートフォワーディングによる SFTP や SCP または，SSL/TLS で FTP を暗号化する FTPS が使用されています．Windows では，SSH を利用するソフトウェアとして WinSCP があります．

補足➡「匿名」：anonymous，「SFTP」：SSH FTP，「SCP」：secure copy，「FTPS」：FTP over SSL

本章では，トランスポート層の機能と，その上位層の機能の概要を学びました．

トランスポート層では，上位層のデータを通信相手のホストノード内のアプリケーションまで届けるための機能が規定されています．インターネットでは，信頼性の高いデータ転送が必要な場合，主にTCPが使用されます．信頼性よりもリアルタイム性が必要な場合，主にUDPが使用されます．上位層の例として，TELNETとFTPの概要を示しました．インターネットで通信を行う場合は，セキュリティを考慮して使用するアプリケーションを選択することが重要です．

練習問題

① TCPでは，受信ウィンドウおよび輻輳ウィンドウのサイズにより，おおよその送信レートが決まる．受信ウィンドウが10MSS，輻輳ウィンドウが2MSS（いずれも固定），ラウンドトリップタイムが10msとして，送信レート（bps）を求めなさい．なお，ウィンドウサイズ以外に，送信レートを制限するものはなく，セグメントはすべて1 500バイトとして計算すること．

易☆☆☆難

② TCPでは，TCPセグメントの紛失の検出により，ネットワーク輻輳を判断し，輻輳ウィンドウサイズを小さくすることにより送信レートを低くする．もし，ネットワークの輻輳時に，ほかの端末が送信レートを低くすることを期待し，自端末だけ輻輳ウィンドウサイズを大きくした場合，どのような不具合が生じるか説明しなさい．

易☆☆☆難

③ 音声をIPパケットで転送するVoIP技術を用いて会話をする場合，トランスポート層プロトコルは，TCPとUDPのどちらが適しているか，その理由もあわせて述べなさい．

易☆☆☆難

④ TELNETやFTPでは，ログイン時にクライアントからサーバにユーザ名とパスワードを送信し，ログインの認証を行う．悪意のある第三者がログインのシーケンスをモニタしていたとすると，どのような不具合が生じるか説明しなさい．

易☆☆☆難

⑤ クライアントは，図に示すように，通信相手のアプリケーションをサーバのIPアドレスとポート番号で識別します．このため，クライアントは，同時に複数のサーバの複数のアプリケーションと通信可能である．図の空欄(1)～(3)に入る適切な数字を答えなさい．

易☆☆☆難

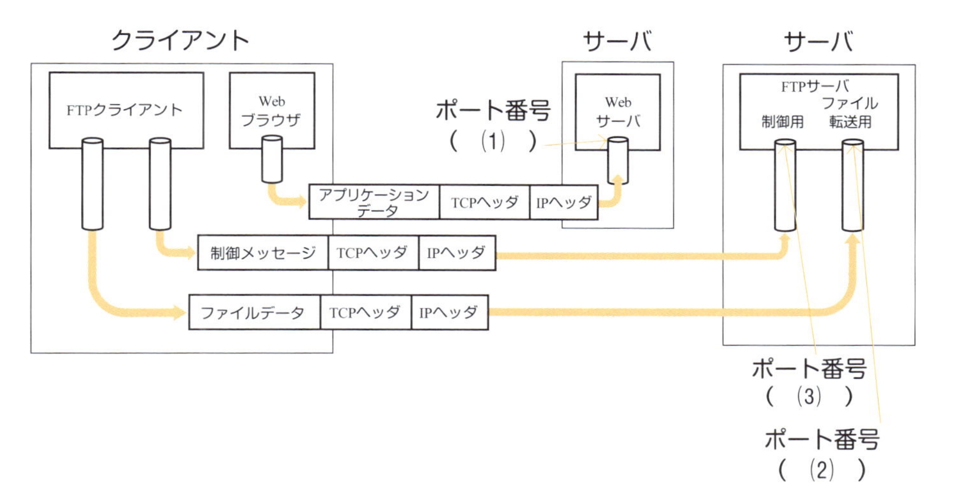

図■IPアドレスとポート番号による多重通信

Memo

Date ・ ・

7章

インターネットサービス

インターネットは急速に普及し，さまざまなサービスが生み出され続けています．サービスはきわめて多様ですが，本章ではこれらのサービスを実現する基本的なしくみと，主要なサービスのしくみを学びます．主要サービスとしては，電子メールと Web（World Wide Web，WWW とも呼ばれます）について述べます．

インターネット通信のしくみの概要を理解したあと，電子メールについてメール配信のしくみと具体的なプロトコルについて理解します．さらに，メールの表記ルールの一つであるメールヘッダについてその記述内容を学びます．Web サービスについては基本的なしくみとプロトコルについて理解します．

7-1 インターネットとは

キーポイント

ここまで，ネットワークの基礎技術について学びましたが，実際にネットワークが稼動しさまざまなサービスを提供するためには，付加的な機能が必要です．本章では，現在最も使用されているネットワークであるインターネットについて，実際にインターネット上でサービスを実現するうえで共通に必要となる基本的な機能を学びます．

1 インターネットの歴史

インターネット技術は，1969年に米国国防高等研究計画局（DARPA）が研究開発したARPANETを起源としています．インターネットの最も重要なプロトコルであるTCP/IPの原案は1974年に提案されました．最初は研究者間の情報共有基盤として開発され，電子掲示板や電子メールのためのネットワークとして主に利用されました．そして，徐々に利用が拡大し，世界の研究者間のネットワークへと発展し，その後民間利用が始まり爆発的に普及しました．日本では，1995年に初めて一般大衆向けの接続サービスが始まり，その後急速な勢いで発展し，今日に至っています．

インターネットの基本となっているプロトコルはTCP/IPですが，変遷の早いICT技術において40年近くも主流となっており，非常に珍しい技術といえます．

また，インターネットとWebを混同している人が多いように思いますが，インターネットはその名のとおり通信のためのネットワークであり，インターネットを利用した多くのアプリケーションが利用されています．Webは，メールなどと同様に，さまざまなアプリケーションの一種です．

2 インターネットサービスを実現するしくみ

これまで述べてきた各階層のプロトコルを利用してネットワークを動作させるためには，基本プロトコルであるTCP/IP以外にも多くのプロトコルや機能が必要となります．ここでは，インターネットが全体として機能するためのしくみについて学びます．

各階層にはそれぞれ固有のアドレスがあります．例えば，第2層はMACアドレス，第3層はIPアドレス，第4層はポート番号といった具合です．では，アプリケーション層ではどのようになっているのでしょうか．アプリケーションとしてはさまざまな種類のものがありますが，アプリケーションレベルでアドレスが必要な場合は，そのアプリケーション（サービス）ごとに固有のアドレスを用います．例えば，電子メールは電子メールアドレス，WebはURLといった具合です．

私たちが通常接するのは，このアプリケーション層のアドレスです．皆さんも，メールアドレスやURLは見たことがあると思います．ところで，このようなアプリケーション層のアドレスでは，インターネットではルーティングすることはできません．インターネットでルーティングできるアドレスはIPアドレスのみです．そのため，メールアドレスやURLをIPアドレスに変換する機能が必要になります．その機能を果たすのが，DNSです．通常，アプリケーションにメールアドレスやURLが入力されると，そのクライアントはインターネット上にあるDNSにIPアドレスを問い合わせ，IPアドレスを教えてもらい，そのIPアドレスを宛先に指定してインターネットにパケットを送り出します．なお，一度問い合わせた結果はキャッシュされ再度問合せは行われず，ネットワークやDNSの負荷を減少させます．

アプリケーション層ではIPアドレスに対応するものとしてドメイン名を用います．電子メールアドレスやURLもこのドメイン名ベースのアドレスとなっています．ドメイン名は，個々のコンピュータを識別するアドレスの一部で，全世界で同じものがないように管理されています．**図7･1**に示すように，DNSサーバにドメイン名のIPアドレスを教えてくれるように頼み，回答を得ます．この行為を**名前解決**と呼びます．ドメイン名を受け取ったDNSサーバは，対応するIPアドレスを自身で保持（キャッシュ）していれば，その値を返します．保持していなければ，さらに情報をもっているDNSに名前解決を依頼します．いくつかの方法がありますが，図7･1に示した方法では，まずは，最上位のルートDNSに聞き，ルートDNSから下位のDNSアドレスを教えてもらい，最終的に目的のIPアドレスを知っているDNSに行き着きます．DNSの階層構造は**図7･2**のようになっています．

URLやメールアドレスなどは，その詳細はそれぞれのアプリケーションで異なりますが，上記のように基本的にドメイン名で指定されます．ドメイン名とは，前述のように世界中で一意に定まる，階層化された名前です．**図7･3**に示すよ

補足⇒「URL」：uniform resource locator，「DNS」：domain name system

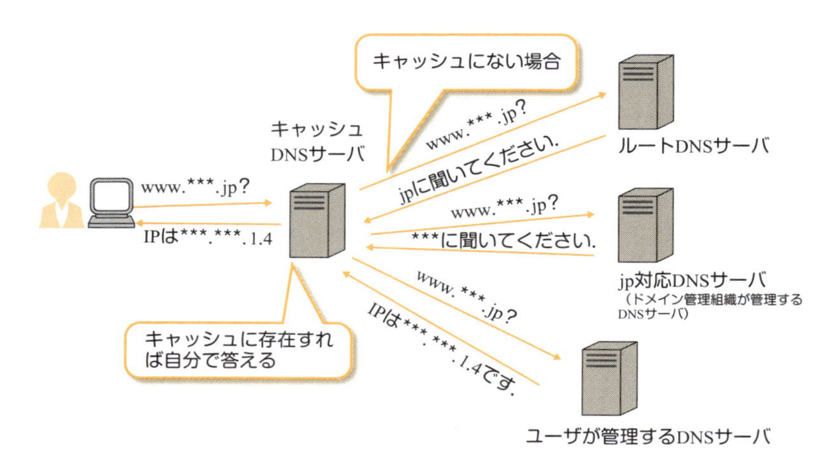

図 7·1■名前解決の流れ

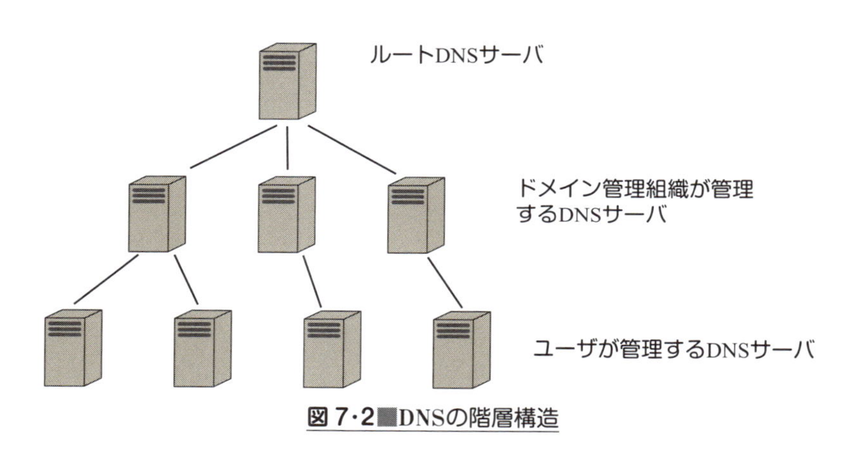

図 7·2■DNSの階層構造

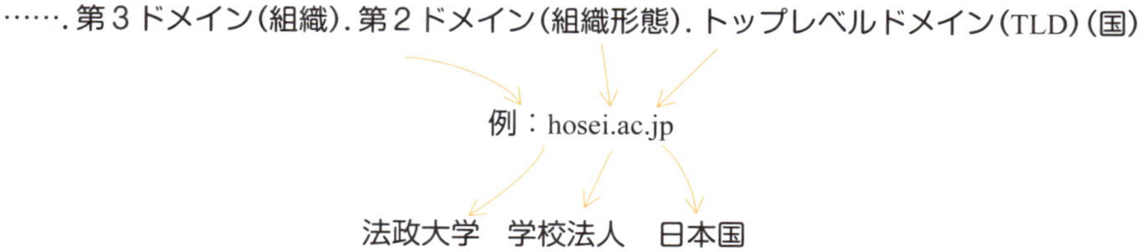

……．第３ドメイン（組織）．第２ドメイン（組織形態）．トップレベルドメイン（TLD）（国）

例：hosei.ac.jp

法政大学　学校法人　日本国

図 7·3■ドメイン名の構成（ccTLDの場合）

補足➡「gTLD」：generic top level domain,「ccTLD」：country code top level domain

うに，階層は「.」で区別され右に行くほど上位の名前となります．ドメイン名は世界で一意に決める必要がありますが，歴史的経緯から体系の異なるいくつかのタイプのドメイン名の命名ルールがあります．代表的なものとしては，「.com」などの歴史的に最も古い gTLD，「.jp」などの国ごとにトップレベルドメインが決められた ccTLD などがあります．

URL と似たものに URI があります．URI は URL よりも広い概念であり，場所を示す URL と名前を示す URN を統合した概念です．したがって，URI は URL の上位概念であり，Web のアドレス表記を URI と呼んでも差し支えありません．

3 IP アドレス管理

全く設定していない買ったばかりの PC を LAN に接続したとき，多くの場合，すぐにインターネットを利用することができます．しかし，これまで述べてきた説明では通信するために IP アドレスなどが必要でした．どうして新しい PC に IP アドレスを設定せずに接続できるのでしょうか．

これを実現するためには，現在では，通信のためのその他の初期設定やその他さまざまな管理機能をもつ **DHCP** というアプリケーション層のプロトコルが多く用いられています．**図 7･4** に示すように，DHCP はブロードキャスト機能を

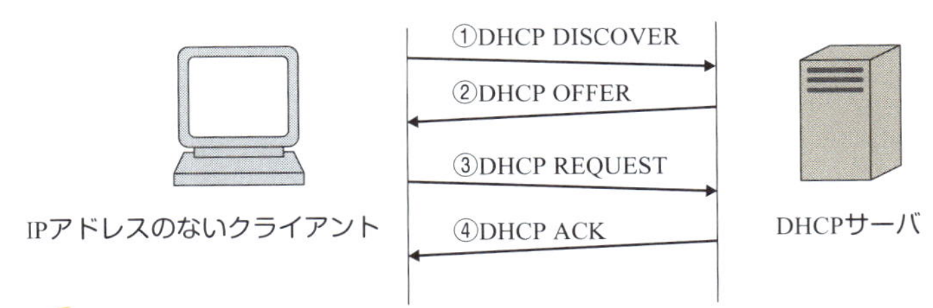

すべてブロードキャスト

① DHCP DISCOVER
クライアントはサーバを見つけるために，ブロードキャストする．

② DHCP OFFER
DHCP OFFER を送信して，割り当てる IP アドレスを通知する．
そのとき，自アドレスも通知する．

③ DHCP REQUEST
クライアントは提供された IP アドレスと提供元のサーバの IP アドレスを送信する．

④ DHCP ACK
指示されたサーバは，DHCP ACK を送信する．
以後，ユニキャストで通信が行われる．

図 7･4 DHCPの手順

補足➡「URI」：uniform resource identifier，「URN」：uniform resource name，「DHCP」：dynamic host configuration protocol

利用することにより，そのクライアントのIPアドレスが設定されていなくても最初の通信ができるようにし，IPアドレスをDHCPサーバから払い出してもらえるようになっています．DHCPサーバの機能は単にIPアドレスを知らせるだけでなく，通信するために必要な情報を提供したり，IPアドレスを払い出す際の優先順位や時間の設定，また，サブネットを越えたリレー機能などの多くの機能をもっています．

まとめ

DNSの最も重要な機能はドメイン名をIPアドレスに変換する機能です．これがなければ，実質的にインターネットは使用できなくなります．その意味で，DNSはインターネットで最も重要な機能であるといえます．

簡易にネットに接続するためのしくみとして，DHCPがあります．DHCPはIPアドレスを払い出すだけでなく，さまざまな設定情報も提供します．

例題 1

以下の文章の①，②に当てはまる語句を述べなさい．

(1) DNSの主な役割は，（　①　）を（　②　）に変換することである．

(2) DHCPは（　②　）が設定されていないクライアントをネットに接続するときに，そのクライアントの（　　　）などを知らせてくれるプロトコルです．

(1) ①ドメイン名，②IPアドレス　　(2) IPアドレス

7-2 メールサービス

キーポイント

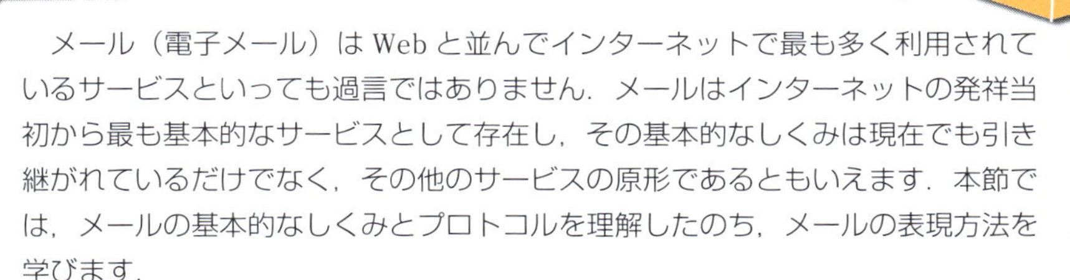

メール（電子メール）は Web と並んでインターネットで最も多く利用されているサービスといっても過言ではありません．メールはインターネットの発祥当初から最も基本的なサービスとして存在し，その基本的なしくみは現在でも引き継がれているだけでなく，その他のサービスの原形であるともいえます．本節では，メールの基本的なしくみとプロトコルを理解したのち，メールの表現方法を学びます．

1 メール配送のしくみ

電子メールの電文は**図 7･5** に示すようにバケツリレー的に配送され，目的のメールサーバに到達します．電子メールを転送するためのプロトコルは SMTP が使われます．SMTP はクライアントがメールを送信するときにも使われます．メールを受信するときにはいくつかのプロトコルが利用されますが，そのなかでも，多く使われるプロトコルは POP3 と IMAP です．SMTP を用いてメールを送信したり中継したりするサーバを SMTP サーバといいます．

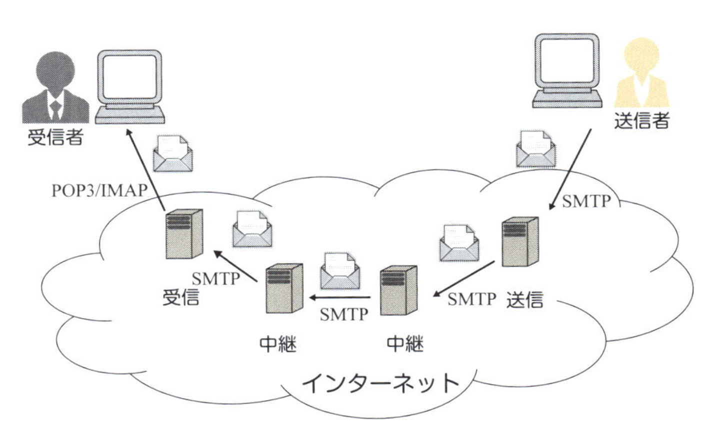

図 7･5■電子メール配送の仕組み

メールのアドレス表記は，「個人名@ドメイン名」となります．このドメイン名は DNS を用いて解決され（IP アドレスを得る）ます．

補足→「SMTP」：simple mail transfer protocol,「POP3」：post office protocol version 3，「IMAP」：internet message access protocol

SMTPやPOP3はTCP/IPと同時期に開発された古いプロトコルですが，現在でも多く利用されています．

POP3は，1人が1クライアントで利用することを前提としていること，機能が限定されていること，クライアントにメール電文をダウンロードすることが前提としているシンプルなプロトコルのため，使いづらいことがありました．そのため，サーバ側でメール電文を蓄積・管理することを基本として多くの機能の強化が図られたIMAPが提案されました．

これらのプロトコルは古いため，セキュリティ面の考慮がほとんどなく問題が発生しました．そこで，現在では後に述べるようないくつかの改良や使用上の工夫がされています．

例題 2

以下の文章の①～④に当てはまる語句を述べなさい．

クライアントがメールを受信する場合のプロトコルには，メール本文をダウンロードするのが基本のシンプルな（　①　），あるいはサーバ機能が豊富な（　②　）が使用される．クライアントがメールを送信する場合のプロトコルには，（　③　）が使用される．一方，メールは（　④　）を用いて中継され，目的サーバに到着する．

①POP3，②IMAP，③SMTP，④SMTP

SMTPは送信と中継に使用されるプロトコルです．POP3とIMAPは受信専用のプロトコルです．

2 メールプロトコル

メールを配信するときのプロトコルは1項で述べたように，大きく分けて送信および中継するためのSMTP，受信するときに利用されるPOP3やIMAPの種類があります．本項では，これらのプロトコルについて述べます．

(1) SMTP

メールクライアント（メーラ）からメールサーバに対してメールの送信を依頼するとき，およびメールサーバどうしでメールを中継するときに利用するプロトコルです．第4層はTCPを使用し，ポート番号は25番です．シーケンスの一例を**図7･6**に，**表7･1**に主なコマンドを示します．

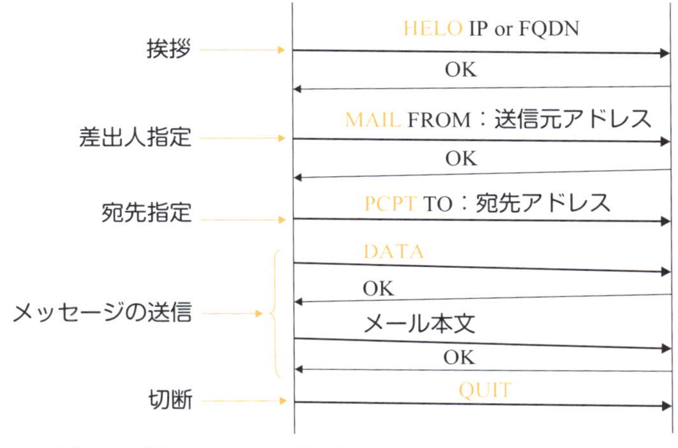

(注)色文字はSMTPコマンド

図7･6■SMTPプロトコルの例

表7･1■SMTPコマンド(一部)

コマンド	意　味	内　容
HELO	接続の確立	書式：**HELO<space><domain><return>**
MAIL	発信者の指定	書式：**MAIL<space>FROM:<My Mail Address><return>**
RCPT	受信者の指定	書式：**RCPT<space>TO:<Mail Address><return>**
DATA	本文の送信	書式：**DATA<return>**
QUIT	処理の終了	書式：**QUIT<return>**

SMTPが，開発されたのはTCP/IPと同じ頃ですが．当時は，利用者には悪意をもった人がいないという前提と郵便ポストのアナロジーで開発されたため，郵便ポストに誰でも郵便を投函できることと同じように認証機能はありませんでした．また，通信を暗号化する機能もありません．インターネットが普及するにつれて，スパムメールの踏み台になったり，盗聴（パケットを盗み見る）されたりなどの問題が多発しました．現在では，認証付きのSMTPや事前にPOP3を使用し認証してからでないと利用できないようにするなどの対策が採られていま

補足➡「ポート番号」：port numbers
「FQDN」：fully qualified domain name，完全修飾ドメイン名

す．しかしながら，暗号化機能がないため，盗聴される危険が依然としてあります．盗聴の危険については，SSL/TLSを利用して通信をセキュアにするSMTP over SSLが使用されています．なお，TLSが最新の呼び名ですが，TLSのもとになったプロトコルがSSLであるため，SSLと呼ばれることが多くあります．

（2）POP3

POP3は，メールクライアントがメールサーバからメールを取り出すときに使用するプロトコルです．第4層はTCPプロトコルを使用し，ポート番号は110番です．メールは最終的に目的とするサーバに到着しますが，そのメールはメールサーバに保管されるだけで，ユーザに通知されることはありません．ユーザがメールを受信するためには，メールクライアントがメールサーバにアクセスしてメールの有無を確かめ，もし受信メールがあれば，それをクライアント側にダウンロードしそれをクライアント側で表示することによりユーザは受信メールを読むことができるようになります．

POP3はSMTPと同じ時期に開発されたプロトコルですが，SMTPとは異なり受信者の認証機能があります．誰でもメールを受け取れてしまうことは通信の秘密上好ましくないため，はじめから受信者認証機能がありました．しかし，ネットワーク上での盗聴に対しては考慮されておらず，パケットをキャプチャすればパスワードやメール内容がそのまま見えてしまうという問題がありました．これを解決するためにAPOPが提案されました．このプロトコルは，認証方式をチャレンジレスポンス方式にすることにより，パスワードを盗聴されないように改善したものです．しかし，現在ではこの方式は危たい化し盗聴の危険があるため，使用は推奨されていません．SMTPと同様にSSLを用いたPOP3 over SSLの利用が推奨されています．

図7･7のようにPOP3は簡単なメールのダウンロード機能しかもっておらず，例えば，受信メールがないか定期的にチェックする機能，既読・未読・返信表示機能，あるいはサーバ側の保存メールを定期的に削除するメーラに通常備わっている機能などはPOP3の機能ではなく，メーラアプリケーションの機能として実現しています．**表7･2**に主なコマンドを示します．

補足➡「SSL/TLS」：secure sockets layer/transport layer security
「APOP」：authenticated post office protocol

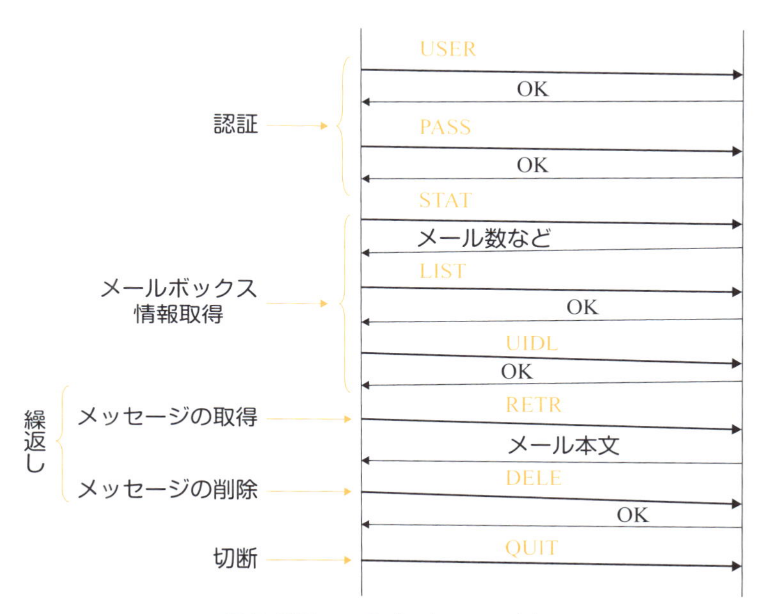

図 7·7 POP3プロトコルの例

表 7·2 POP3コマンド(一部)

コマンド	意味
USER ユーザ名	認証するユーザ名を指定する
PASS パスワード	認証するユーザのパスワードを指定する
STAT	メールメッセージの数とサイズを応答する
LIST [メッセージ番号]	メールメッセージ番号とそれぞれのサイズを応答する．メッセージ番号が指定された場合には，該当メッセージ分のみが対象となる
RETR メッセージ番号	指定されたメッセージ番号のメッセージ全体を表示する
DELE メッセージ番号	指定されたメッセージ番号のメッセージを削除する
UIDL [メッセージ番号] (オプション)	UIDL の一覧を表示する．メッセージ番号が指定された場合は，該当メッセージ分のみとなる
QUIT	ログアウトする

（3）IMAP

POP3は一つのメールクライアントを想定し，メールクライアント側にメールをダウンロードして処理することを前提としたプロトコルでした．ネットワーク速度が遅い場合やクライアント側にリソースがない場合，複数のクライアントで同じ宛先のメールを読みたいといった場合には対応しにくいプロトコルといえます．

このような問題を解決するため開発されたのがIMAPです．IMAPは，基本的にメール本体はメールサーバで管理することを前提として，ディレクトリ機能，既読・未読・返信表示機能，ダウンロード内容を選択できる機能，複数クライアントからのアクセスなどを可能にした高機能なプロトコルです．第4層はTCPプロトコルを使用し，ポート番号は143番です．

このプロトコルもSMTPやPOP3と同様のセキュリティ上の問題があるため，IMAP over SSLの使用が推奨されています．

（4）Webメール

Webメールは近年よく使われるようになってきました．Webメールは，メールの中継にSMTPを使用しますが，**図7・8**に示すようにメールの送受信を行うメールクライアントの機能をWebサイト側にもたせた方式となっています．すなわち，ユーザは自身のクライアントのWebブラウザを用いてWebサイトにアクセスし，Webページ上でメールを受信したり送信したりします．したがって，ユーザのクライアントからの送受信には7・3節で述べるHTTPを利用します．

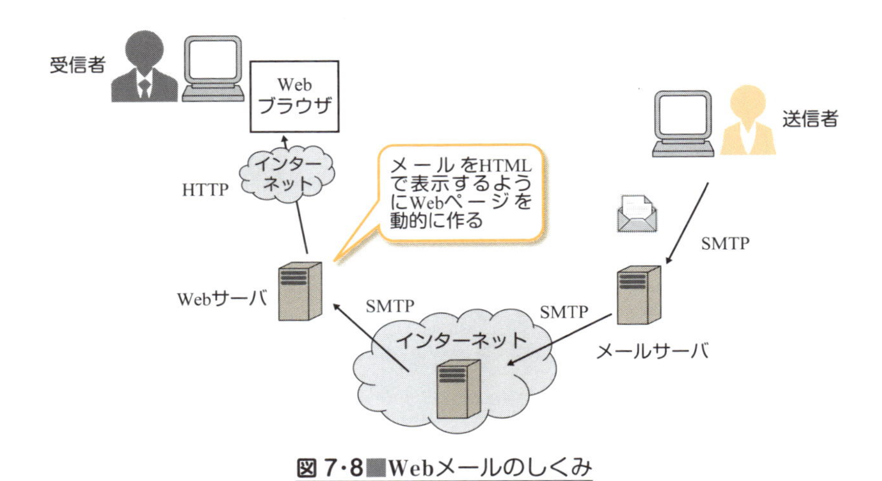

図7・8■Webメールのしくみ

補足➡「HTTP」：hypertext transfer protocol

例題 3

電子メール配信においては，送信者と受信者間の物理的距離は送信してから着信するまでの時間とは無関係である．その理由を述べなさい．

解答 インターネットにおいては，パケットがルーティングされるルートは決まったものでなく，また物理的な位置に関係なく決められるため，物理的にクライアントを近づけても送信してから着信するまでの時間は短くなりません．極端な場合，すぐ隣にあるクライアントにメールを送った場合でも，パケットは地球を一周してくることもあり得ます．

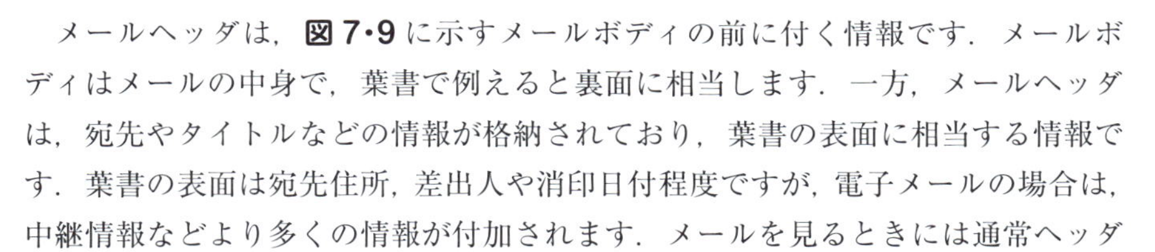

3 メールヘッダ

メールヘッダは，**図 7·9** に示すメールボディの前に付く情報です．メールボディはメールの中身で，葉書で例えると裏面に相当します．一方，メールヘッダは，宛先やタイトルなどの情報が格納されており，葉書の表面に相当する情報です．葉書の表面は宛先住所，差出人や消印日付程度ですが，電子メールの場合は，中継情報などより多くの情報が付加されます．メールを見るときには通常ヘッダ

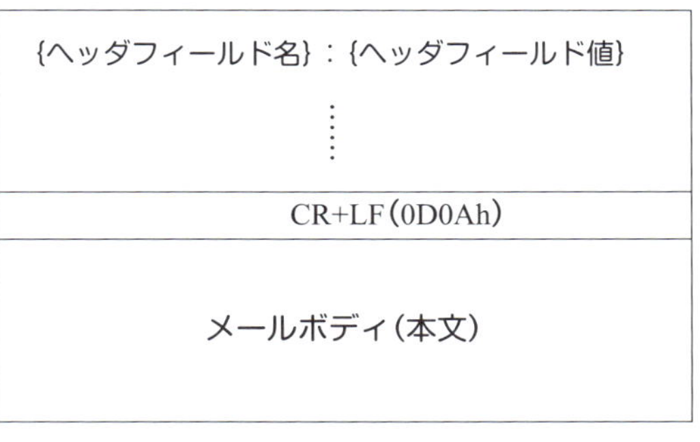

(注)CR，LFはASCII制御コードの種類を示す

図 7·9 メールメッセージの構造

補足⇒「メールヘッダ」：mail header

情報のごく一部のみしか表示されません．メールヘッダを分析することにより，受信したメールについてのさまざまな情報を得ることができます．

メールヘッダの情報は，サブジェクト（メールのタイトル），差出人情報，宛先情報，中継情報，メーラ情報などがあります．ヘッダは不変なものではなく，メールサーバやクライアントで受信されるたびに情報が付加され大きくなっていきます．付加されるヘッダ情報は，地層のようにヘッダの上に追加されていきます．したがって，ヘッダの最上位には，受信クライアントが付加した情報，最下部には，送信クライアントが付加した情報が位置しています．中間は中継されたサーバが付加した情報となります．

ヘッダのフィールドにはさまざまなものがあり，アプリケーションにより自由にフィールドを付加できるため，必ずしも完璧に統一されているわけではありません．**表7･3**に代表的なフィールドを示します．フィールドはこれ以外にも多くのものがあります．ヘッダ情報を分析することにより，上で述べた情報だけでなく，送信・中継・送受信日時，送信および中継されたサーバアドレス，ドメイン認証結果，メーラ種別，エンコード情報などの多くの情報を得ることができます．

表7･3■メールヘッダフィールド（一部）

ヘッダフィールド	意　味
From	差出人アドレス
To	宛先アドレス
Cc	カーボンコピーアドレス
Bcc	ブラインドカーボンコピーアドレス
Date	作成日時
Message-ID	メールを特定するために付けられた，メールを一意に識別できるID
Received	メールを転送（送信，中継，受信）したサーバが追加する情報． このフィールドはさらに以下の情報をもちます． Received:from 転送元サーバ by 転送先サーバ ［via 接続プロトコル］［with 転送プロトコル］id ユニーク ID for 宛先メールアドレス；転送日時

しかしながら，メールヘッダは簡単に偽装できるため，スパムメールなどはメールヘッダを偽装していることが多く，注意が必要です．逆に，偽装していることがわかれば，スパムメールや攻撃メールであることを判別することができる場合もあります．

ヘッダの一例としては，宛先アドレスフィールドの種類には，To，Cc，Bcc の3種類があり，用途により使い分けます．To は通常使用する宛先です．Cc はカーボンコピーの略であり，同じメール内容がコピーされて宛先に届きます．Bcc は受信者に宛先が表示されない宛先指定で，受信者に Bcc での受信者を知られることなく同じメールを送りたいときに利用します．宛先フィールドの意味をよく理解し，礼儀やプライバシー漏えいを考慮して使い分ける必要があります．

例題 4

次に示すメールの送り方は好ましくないが，その理由を述べなさい．

太郎君は，迷惑メールが多く届くため，電子メールアドレスを変更した．そこで，10人の友達にアドレス変更のメールを出すことにした．複数人に同一メールを一括送信する方法を調べると，To フィールドにメールアドレスを“,”で区切って並べることで，一気にメールを送ることができるようだ．そこで，10人のメールアドレスを To フィールドに列挙して，メールを送信した．

解答 太郎君の10人の友達どうしが友達とは限りません．もしかすると互いに全く知らない人かもしれません．その場合，To フィールド内容はすべての受信者が見ることができるため，知らない人にその人のメールアドレスがその人の許可なく知られてしまい，プライバシーの侵害となります．

どうしても，一気に送信したい場合は，Bcc フィールドを使い，メール文でそのことを明記しましょう．

まとめ

受信で使用されるプロトコルは，POP3 か IMAP であり，送信および中継に利用されるプロトコルは SMTP です．ポート番号は，POP3 が 110 番，IMAP が 143 番，SMTP が 25 番です．SMTP には ID やパスワード設定などの認証機能はありません．Web メールではメールの閲覧には HTTP が利用されますが，中継には従来と同様に SMTP が利用されます．

7-3 Webサービス

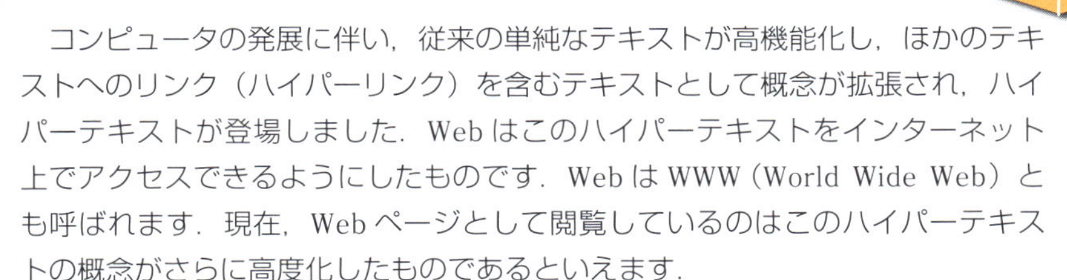

コンピュータの発展に伴い，従来の単純なテキストが高機能化し，ほかのテキストへのリンク（ハイパーリンク）を含むテキストとして概念が拡張され，ハイパーテキストが登場しました．Web はこのハイパーテキストをインターネット上でアクセスできるようにしたものです．Web は WWW（World Wide Web）とも呼ばれます．現在，Web ページとして閲覧しているのはこのハイパーテキストの概念がさらに高度化したものであるといえます．

現在では，ハイパーテキストは Web の表現として当たり前に使われていますが，従来の単なるテキストと比べて，人間の思考，検索の効率化，学び方までに及ぶ広い範囲に影響を与えた重要な概念です．

本節では，Web のアドレス表記や表現方法を述べたのちに，基本的なしくみとプロトコルを学びます．

1 Web のしくみ

“**Web サービス**”という用語は，HTTP を利用し SOAP などの XML 形式のプロトコルを用いて，さまざまなプラットフォームで相互運用できるしくみの意味で使用されることがありますが，ここでは，単に Web のサービスという意味で使用します．

ハイパーテキストの表現言語としては HTML を使用し，ハイパーリンクのアドレスとして URL を用い，クライアントから Web サーバへのアクセスに HTTP を使用しているのが Web です．

Web はクライアントサーバモデルです．**図 7･10** に示すように，クライアントから Web サーバにアクセスし，Web サーバはクライアントからの要求に従い処理を行います．**図 7･11** に示すようにクライアントは HTML を Web サーバからダウンロードすることにより，クライアントの画面に Web ページを表示します．この際，接続サイト以外のサイトからコンテンツをリンクし一つのページとして表示することもあります．

補足➡「HTTP」：hypertext transfer protocol，「SOAP」simple object access protocol，「XML」：extensible markup language

図 7・10■Webサービスでの通信のしくみ

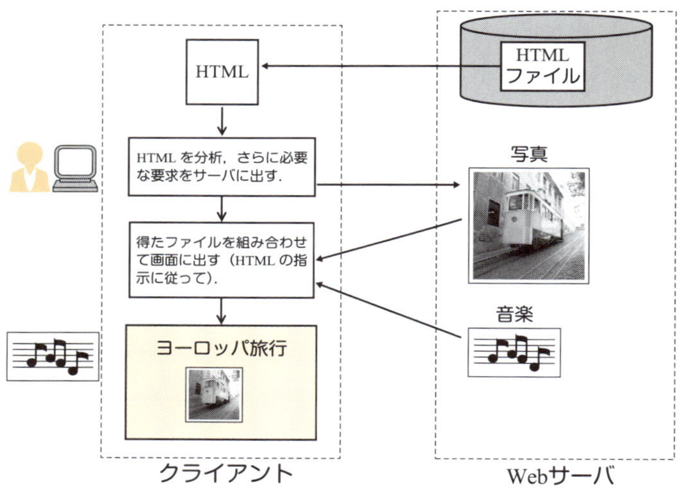

図 7・11■Webページ表示のしくみ

2 URL

URL とは，インターネット上のリソースを指し示すためのアドレスです．URL を用いることによって，広大なインターネット空間でリソースを一意に指定することができます．**図 7・12** に表現形式を示します．スキームは接続するためのプロトコル名で，例えば，Web サーバへアクセスする場合に，HTTP プロトコルを利用する場合は http となります．そのほか，ftp，https などさまざまなプロトコルの指定が可能です．ホスト名はドメイン名でも IP アドレスでも表現可能です．ドメイン名の場合は，先に述べた DNS に問い合わせて IP アドレス

補足➡「HTML」hyper text markup language，
「ハイパーリンク」：hyper link，「URL」uniform resource locator

スキーム:// ホスト名 : ポート番号 / パス ? パラメータ # フラグ

スキーム	接続するためのプロトコル
ホスト名	接続するホスト名（ドメイン名または IP アドレス）
ポート番号	接続するポート番号
パス	ファイル参照などに使用するパスとファイル名
パラメータ	CGI などで使用されるクエリー文字列
フラグ	ページ内の場所

図 7·12■URLの表現形式

を得る必要があります.

陽にポート番号の指定がない場合，デフォルトのポート番号はスキームにより決まっています．デフォルト値を用いたくない場合は，ポート番号を指定しましょう．パスは参照するファイルやコマンドがある場所と名前を示すものです．HTML ファイルが存在するパスとファイル名を記述する場合が多いですが，HTML ファイル以外のファイルやその他のコマンドを直接指定することもできます．パラメータは指定したパスのコマンドなどにクライアントから情報を送るためのものです．フラグは，Web ページの途中から表示したい場合などにその位置を指定するものです.

3 HTML

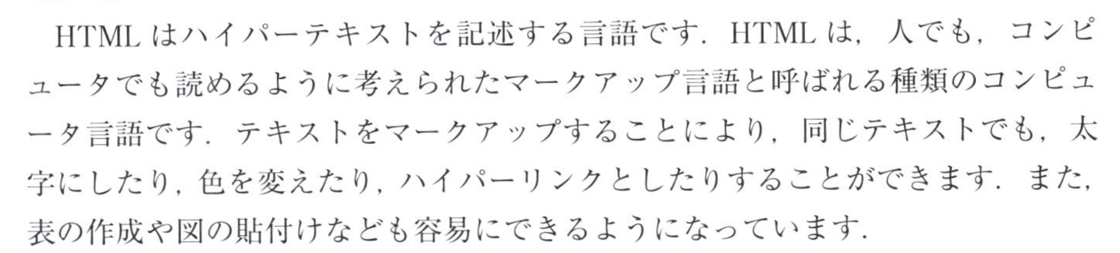

HTML はハイパーテキストを記述する言語です．HTML は，人でも，コンピュータでも読めるように考えられたマークアップ言語と呼ばれる種類のコンピュータ言語です．テキストをマークアップすることにより，同じテキストでも，太字にしたり，色を変えたり，ハイパーリンクとしたりすることができます．また，表の作成や図の貼付けなども容易にできるようになっています.

HTML の機能は継続的に機能拡張されており，単にハイパーテキストの機能だけではなく，CGI などのサーバ側のプログラミング機能や，JavaScript などを用いたクライアント側でのプログラミング機能も搭載されています．また，ページ内の表示を継続的に変化させるなど，単にページを表現するのみではなく，クライアントとサーバの高度な通信機能としても発展しています.

補足⇒「CGI」：common gateway interface

このように日々発展しているWebのサービスは，最初は単なる掲示板サービスでしたが，現在では，電子メール，電子モール，銀行決済，動画サービスなど非常に広範囲に利用が広がっています．

4 HTTP

Webで使用されるプロトコルをHTTPと呼びます．サーバ側に格納されたHTMLで記述されたコンテンツをクライアントにダウンロードすることが基本的な目的です．クライアントでは，HTTPを用いて得たコンテンツやプログラムを処理し，Webページとして表示します．ポート番号は80番です．

表7･4にHTTPプロトコルの主なメソッドを示します．基本的にクライアントからのコマンドとそれに対するレスポンスで構成されています．また，そのコマンドの動作はそれ以前のコマンドに影響されないステートレスなプロトコルとなっています．ステートレスなプロトコルは，掲示板程度の単純なコンテンツ表示サービスではシンプルで良い考え方ですが，例えば，電子モールでの買い物かごや電子メールサービスでのログインといったページ間にまたがって情報を記憶しなければならない場合の処理を実現できません．

表7･4■主なHTTP1.1メソッド(コマンド)

メソッド	意　味
GET	URIで指定した情報を要求．URIがファイル名のときはそのファイルの中身を，プログラム名のときはそのプログラムの出力を返す
HEAD	GETと同じだがHTTPヘッダのみを返す
POST	クライアントからのデータを（名前と値）のセットで渡す．フォームデータを送るときなどに使用
PUT	URIで指定したサーバ上のファイルを置き換える
DELETE	URIで指定したサーバ上のファイルを削除する

上記の問題に対処するため，クッキーが提案されました．クッキーはサーバからクライアントに識別子を戻し，クライアントとサーバ側でその識別子と必要情報を保存することにより，ステートフルなプロトコルとしてHTTPを利用でき

補足➡「クッキー」：cookie,「ステートレス」：state less

るようになりました．その結果，多くのサービス機能が実現できるようになりました．

クライアントからサーバに処理を依頼するときに処理依頼の単位で接続と切断を行い，切断とともにその処理の情報を破棄するプロトコルをステートレスプロトコルといいます．サーバ側で処理単位を超えて状態を維持できないためステートレス（状態なし）プロトコルと呼ばれています．一方，一連の処理のやり取りの状況を維持するプロトコルをステートフルプロトコルと呼び，HTTPではクッキーと呼ばれる方式を導入して，ページが遷移しても状態を保持することを可能としています．

クッキーは**図7·13**に示すようなしくみです．サーバからクッキーIDや管理のための情報がクライアントに返され，それをクライアント側が保存して，次回アクセスに使用します．クッキーの情報内容はサーバ側が決定し，そのサイト以外にはクッキー情報を開示してはいけない決まりになっています．セキュリティ上の問題などから，クッキーには有効期限が設定でき指定された一定期間経過すると使用できないようにできます．

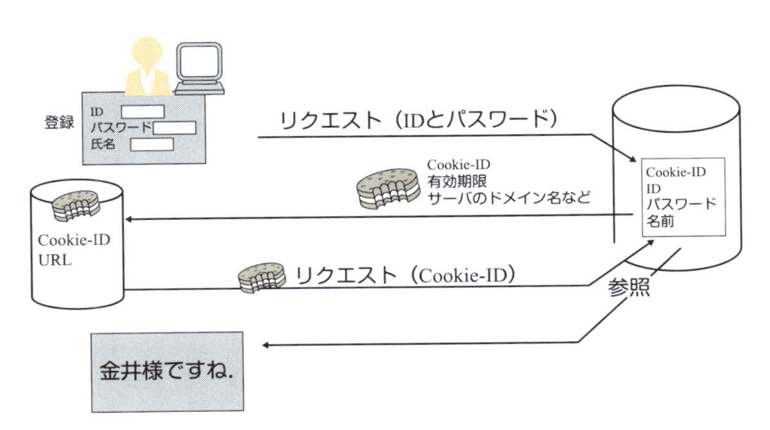

図7·13■クッキーのしくみ

HTTPプロトコルではメールプロトコルと同じように，ヘッダをもっています．メッセージの構成は**図7·14**に示すように，リクエスト / ステータスラインを除いてメールメッセージの構成とほとんど同じです．ヘッダのフィールドはメールと同様にさまざまなものがあります．

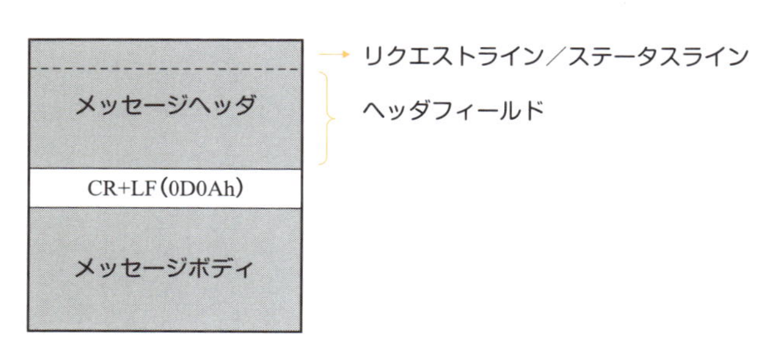

図 7·14 HTTPメッセージ構成

Webはインターネット上で実現されるサービスの一つです．Webのリソースの場所は，URLで示し，HTTPプロトコルを用いてクライアントが表示データなどをサーバから得ます．HTMLは，Webページを表示するための記述言語です．

HTTPプロトコルは，もともとステートレスプロトコルですが，クッキーを用いることにより擬似的にステートフルプロトコルの機能を実現しています．

Webはさまざまな用途に使用され，今後もますますその機能が増え続けると予想されます．

例題 5

以下の文章の①～④に当てはまる語句を答えなさい．

（ ① ）はWebサーバに保存され，クライアントは（ ② ）を用いてWebサーバにアクセスし，HTMLを得て，それをもとにページを表示する．通常，ブラウザは（ ③ ）をアドレスとしてWebサイトにアクセスするが，直接第3層のアドレスである（ ④ ）を用いてもアクセスできる．

①HTMLファイル，②HTTP，③URL，④IPアドレス

練習問題

① DHCP は，クライアントが自分の (1) アドレスや設定情報を自動的に設定するためのプロトコルである．クライアントが最初に DHCP サーバに向けて要求を発信するが，(1) アドレスが設定されていないクライアントは (2) を利用して受発信する．(1)と(2)にあてはまる語句を答えなさい．

② 以下の図について，(1)〜(3)の問いに答えなさい．

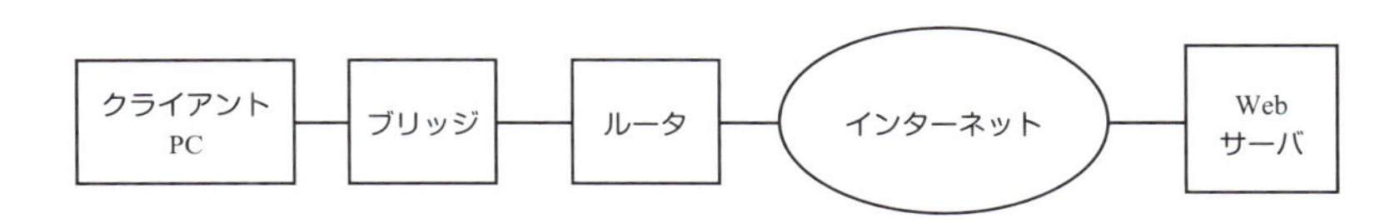

(1) HTTP プロトコルを処置する装置はどれか．
(2) TCP プロトコルを処置する装置はどれか．
(3) IP アドレスを処理する装置はどれか．

③ 以下の図について，(1)〜(7)の矢印で使用するプロトコルを示しなさい．

易☆☆☆難

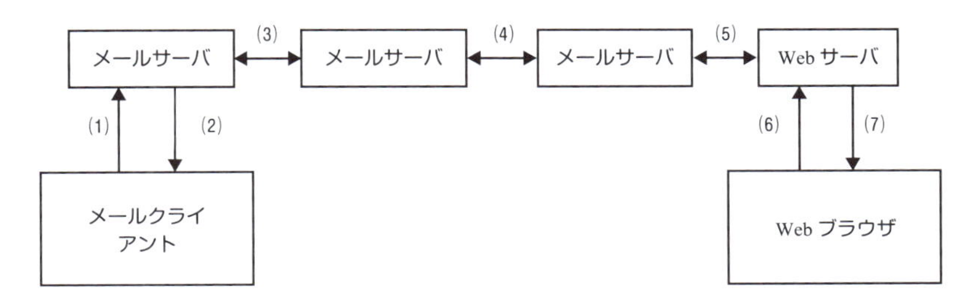

Memo

Date　・　・

8章

ネットワークセキュリティ

インターネットが発展するにつれ，セキュリティは非常に重要となってきています．もはや，セキュリティを考慮しないシステムはあり得ない状況です．本章では，ネットワークセキュリティについてその攻撃と防御を概観します．まず，ネットワークセキュリティの現状と重要性の理解を深めたうえで，代表的な攻撃について学びます．セキュリティ技術の重要な要素技術として暗号があります．暗号技術がなくてはネットワークセキュリティを維持することはできません．そこで，現代の暗号技術と電子認証について学び，その応用としてのセキュアプロトコルについて概観します．最後に，攻撃からシステムを防御する技術について学びます．

8-1 ネットワークセキュリティとは

キーポイント

コンピュータが発明され情報の価値は飛躍的に大きくなりました．しかし，インターネットが普及するに従い，インターネットのオープン性により，盗聴やなりすましの危険性が増しています．さらに，不特定多数の人とバーチャル空間で出会ったり取引したりできるようになり，便利になると同時に新たな危険性が生じています．このように便利になった反面，セキュリティの問題が多発するようになりました．そこで，システムを構築するときにはなるべく危険を避けることが重要になってきています．しかし，人間が作ったもので完全に安全なシステムは構築できないといってよいでしょう．したがって，どのような攻撃に対して安全かということを具体的に明確にしなければ，安全なシステムを定義，構築することはできません．このためには，まずは攻撃手法を熟知していなければなりません．

1 ネットワークセキュリティの状況

セキュリティの意味は漠然と捉えられがちですが，情報セキュリティは，国際標準および日本の標準として JIS Q 27002（ISO/IEC 27002）で定義されています．すなわち情報セキュリティとは，情報の機密性，完全性，可用性を維持することです．機密性とはその情報にアクセスする権利をもった人だけがアクセスできること，完全性とは情報の内容や処理が正確かつ完全であること，可用性とは必要なときに情報にアクセスできることです．一方，安全な通信（セキュア通信）とは，通信が盗聴や改ざんがされていないこと，送信者受信者が確かにその人であることを証明できることなどがあげられます．厳密には，セキュア通信が満たすべき性質として，機密性，認証，メッセージ完全性，否認不可能性，可用性，アクセス制御があります

コンピュータが登場する以前は，物や人に関するセキュリティの概念しかありませんでした．しかし，コンピュータが登場したことにより，情報の価値が見直され，その流通の自由さから情報に対してもセキュリティの概念が拡張されました．例えば，以前は，刑法の対象は物理的な財物に対するものでしたが，1987 年に法律が改正されプログラムや情報といった無体物に対しても適用されるようになりました．さらに，2000 年代に入りインターネットが急速に普及したことにより通信に関係するセキュリティが大きくクローズアップされ法整備が進んでいます．

例題 1

以下の文章の①，②に当てはまる語句を述べなさい．

情報セキュリティの定義は，権利をもった人だけがアクセスできることを意味する機密性，必要なときに情報にアクセスができることを意味する（　①　）および内容や処理が正確かつ完全であることを意味する（　②　）の三つの状態を維持することと定義されています．

①可用性，②完全性

可用性は一見セキュリティに関係ないようにみえますが，必要なときにシステムを使えることはセキュリティ要件上重要です．

2 代表的な攻撃

サイバー攻撃は非常に多種多様で，日々新しい攻撃が発見されています．そのような攻撃の傾向や攻撃を把握しておくことは防御のためにも重要です．攻撃には**表8･1**に示すようにさまざまなものがありますが，ここでは代表的ないくつかの攻撃について述べます．

(1) コンピュータ内の不正ソフトウェア（マルウェア）

コンピュータウイルスは人が作ったプログラムですが，自然界のウイルスの感染，潜伏期間，発症にそのようすが似ているので，コンピュータウイルスと名づけられました．本人が気づかないうちにコンピュータウイルスなどのマルウェアに感染する場合やホームページアクセスやメールの添付ファイルを実行することにより感染したりする場合があります．

最近では，ボットと呼ばれる特殊なウイルスが流行しています．ボットはコンピュータのリソースや情報を盗むことが目的であり，遠隔コントロールされ，発症しないこととプログラムが変異するという特徴があるために，検知が難しいという性質があります．ボットネットは，**図8･1**に示すように，多数のボットをコントロールするために攻撃者が作り出すネットワークで，ボットに感染したPC群と，ボットを指令･制御するコマンド&コントロールサーバ（C & C サーバ）から構成されます．攻撃者のC & C サーバを介した指令により，次に述べる

補足➡「ボット」：BOT

表 8･1■サイバー攻撃

分　類	攻撃名	攻撃手法
コンピュータ内の不正ソフトウェア（マルウェア）	コンピュータウイルス	コンピュータ内で不正動作
	ボット	ボットネットを構成し遠隔コントロールされる
	スパイウェア	トラッキング情報など情報を所得する
実装の脆弱性を利用した攻撃	バッファオーバフロー	バッファを意図的にオーバフローさせる
	SQL インジェクション	外部から SQL 言語を動作させる
	クロスサイトスクリプティング	不正 URL をクリックさせ，さまざまな不正動作をさせる
	実装攻撃	ハードウェアの実装の脆弱性を利用して鍵などを盗む
ネットワークの脆弱性を利用した攻撃	DOS 攻撃	Web サイトをサービス不能にさせる
	ネットワーク上での盗聴	通信路上で情報を盗む
	Evil Twin（無線 LAN）	偽無線アクセスポイントに接続させる
不正サイト（なりすまし）	フィッシング	正しいサイトに装った偽サイトに誘導する
	ワンクリック詐欺	Web ページを見ただけで不正請求される
電子メール利用	スパムメール	不特定多数に勧誘などのメールを送りつける
	標的型メール攻撃	特定個人を狙ってメールを送りつける

DOS 攻撃やスパムメール送信をはじめとして，情報の取得，ボット自身のアップデート，感染拡大などさまざまな脅威をもたらします．

スパイウェアは不正 Web サイトを閲覧することにより，不必要なポップアップウィンドウ表示，ホーム URL の不正設定，Web 閲覧履歴の取得などそのほかさまざまな不正動作をするものです．

補足⇒「DOS」：denial of service attack，「バッファオーバーフロー」：buffer overflow，「インジェクション」：injection，「SQL」：structured query language

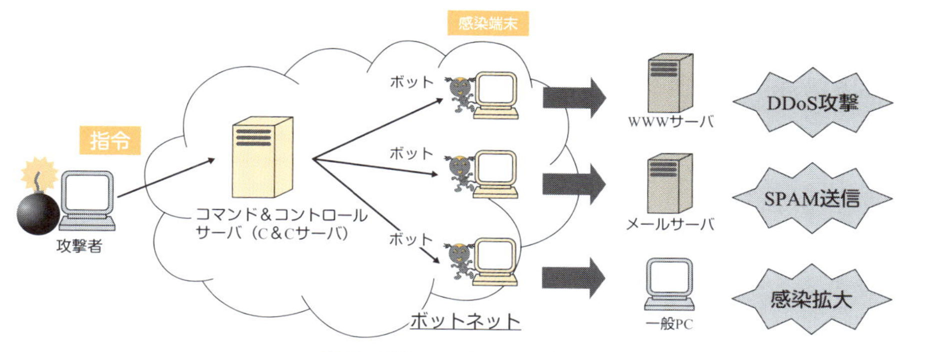

図 8・1■BOTネットの概念

（2）実装の脆弱性を利用した攻撃

① バッファオーバフロー攻撃とSQLインジェクション攻撃

バッファオーバフロー攻撃は，OSやアプリケーションの脆弱性を利用してシステムに侵入する方法の一つです．具体的には，設計長以上の量の情報をバッファに与えることなどにより（例えば，ID入力の部分に大量の文字やバイナリを入力するなど），システムをクラッシュさせたり，システムに侵入したりすることができます．SQLインジェクションは，Webサーバなどのデータベース（DB）アクセスプログラムに脆弱性があるときに，バックエンドのDBへのコマンド（SQL）が，直接外部から入力できるようになってしまう場合があり，これを利用してDBから不当に情報を得る手法です．バッファオーバフロー攻撃やSQLインジェクション攻撃が可能となる脆弱性はプログラミングに問題があります．このため，この種の脆弱性が発見された場合はベンダからセキュリティパッチが提供されるので，そのパッチを当てる対策を随時行う必要があります．

② クロスサイトスクリプティング（XSS）

Webサイトの脆弱性を利用し，閲覧したクライアントのクッキー情報を盗んだり，掲示板を改ざんしたりといったさまざまな攻撃を行うことができます．掲示板やメールなどに不正なURLを貼り付けておき，閲覧者にクリックさせます．その結果，脆弱性のあるサイトを閲覧してしまいます．URLに不正なスクリプトを記述することにより，不正なスクリプトが実行され，さまざまな攻撃が可能となります．URLは見かけ上偽装されていることもありクリックした本人は攻撃されたことに気づかないことも多い攻撃です．

③ 実装攻撃

暗号アルゴリズムなどが理論どおりにその機能を正確に実現していたとしても，その機器の動作を調べることにより鍵情報などが盗まれる場合があります．このような攻撃は，アルゴリズムそのものの脆弱性ではなく，電気回路，ICチップやプログラムなどの実装上の脆弱性をついてくる攻撃です．具体的には，機器が動作しているときの漏れ電波や電力変動を調べたり，動作中に一時的に擾乱を加え誤動作させたりすることにより鍵を調べます．

アルゴリズムなどが理論的に完璧に安全であったとしても，防御することはできません．実装上の対策をする必要があります．

（3）ネットワークの脆弱性を利用した攻撃

DOS攻撃は，Webサーバなどをサービス停止状態にする攻撃で，サイバーテロともいわれています．最も原始的な方法は多くのクライアントから同時に攻撃対象サーバのWebページを閲覧することですが，通信プロトコルの脆弱性を利用する技術的に高度な手法が多数利用されています．サービスを停止させる手法としては，**表8・2**に示すようにさまざまなものがあり，本書では個々の攻撃手法の説明はしませんが，ネットワークトラヒックを増加させる，通信不能にする，システム資源を消費させサーバ負荷を増加させる，サーバをクラッシュさせるなどいくつかの手法があります．

表8・2■DOS攻撃の主な種類と特徴

DoS攻撃型	DoS攻撃名	通信プロトコル	特　徴
ネットワークトラヒックを増加させる攻撃	UDP Flood	UDP	攻撃者IPアドレスが詐称されているため，攻撃元の特定がむずかしい
	Smurf	ICMP	
	Ping Flood		
システム資源を消費させる攻撃	SYN Flood Land attack	TCP Connection	
	Connection Flood	TCP Connection確立後	攻撃者IPアドレスは正当でありヘッダも正常であるため，正常と異常の判別が難しい
	HTTP GET Flood		
	リロード攻撃（F5攻撃）		
システムをクラッシュさせる攻撃	バッファオーバフロー攻撃	可能なプロトコルすべて	サーバに脆弱性がある場合

高度な攻撃としては，TCP/IP のプロトコル上の脆弱性を用いたものが多くみられます．これは，インターネットプロトコルの開発当初はセキュリティに関して考慮されていなかったために，現在でも脆弱性が多く存在するためです．

(4) 不正サイト（フィッシング詐欺）

フィッシングの語源としては諸説ありますが，「洗練された釣り」という意味合いの造語で“fishing”ではなく“phishing”と書きます．この詐欺は，本物に見せかけた偽のサイトに利用者を誘導することによりIDやパスワードを入力させその情報を盗み取る手口です．

偽のサイトであることを気づかせないためにさまざまな高度な偽装が行われており，閲覧者が偽サイトであることに気づきにくいように工夫されています．

(5) 電子メール利用

インターネット発祥当時から存在するスパムメールは，不特定多数に同じ文面を送るのが特徴です．しかし，最近は，特定の個人に対して例えば上司からのメールのように装い添付ファイル（実はマルウェア）を実行（クリック）させようとする標的型メール攻撃が流行っています．この攻撃は，特定の個人を対象としたメール攻撃で，受信者が攻撃だとは気づきにくく防御が非常にむずかしいという特徴があり問題視されています．

(6) 無線 LAN の危険性

無線通信は電波を用いるため簡単に傍受することができます．そこで，Wi-Fi のような無線通信では，セキュア通信を行うことが必須です．

Wi-Fi ではセキュアプロトコルとして WPA や WEP などいくつかの種類の規格がありますが，WEP のように，脆弱性が発見され危たい化しているため使用を薦められないプロトコルもあるので注意を要します．また，無線 LAN に特有な Evil Twin 攻撃と呼ばれる偽アクセスポイントを用いた攻撃も存在するので，無線 LAN を利用するときには有線 LAN に比較してより多くの注意を払う必要があります．

補足⇒「Wi-Fi」：wireless fidelity
「WPA」：Wi-Fi protected access

例題 2

以下の問いに答えなさい．

⑴　数学的に完全に安全な暗号を使用したとしても，（　　　）により鍵が盗まれる場合がある．（　）内にあてはまる語句を答えなさい．

⑵　バッファオーバフロー攻撃を防止するには何をすればよいか答えなさい．

解答　⑴実装攻撃

⑵脆弱性がある部分について適正なプログラムに置き換える必要がある．OSの対応にはセキュリティパッチを当てることによりプログラムやアプリを置き換え対処する．

まとめ

サイバー攻撃は非常に多様であり，日々進化し新しい攻撃が生まれています．ここで紹介した攻撃は，攻撃の一部です．防御をするためには攻撃技術を把握することが大切ですが，新しい攻撃が日々生まれていることを常に意識する必要があります．

8-2 暗　　号

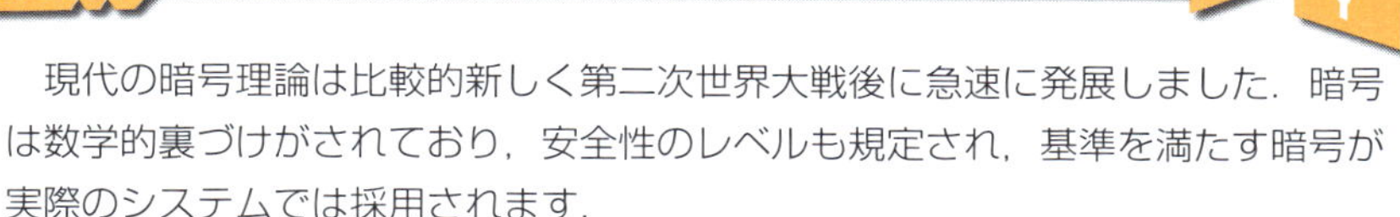

現代の暗号理論は比較的新しく第二次世界大戦後に急速に発展しました．暗号は数学的裏づけがされており，安全性のレベルも規定され，基準を満たす暗号が実際のシステムでは採用されます．

現代の暗号は計算量に基づく安全性がほとんどです．つまり，現時点での最先端のコンピュータを用いても，解読に非常に時間がかかることを安全の拠り所としています．逆にいうと，計算量を安全の拠り所とした暗号は数学的には解読可能ですが，秘密が必要な間は実用上解読することが不可能であることを意味しています．その観点からは，現代の暗号のほとんどは，コンピュータの性能が向上したり解読技術が開発されたりすると，いつかは解かれる可能性（危たい化）があるといえます．ここでは，代表的な暗号として秘密鍵方式と公開鍵方式を学び，さらに公開鍵方式の応用である電子署名について理解を深めます．

1 共通鍵暗号方式

共通鍵暗号方式は，**図 8·2** に示すように暗号化する鍵と復号する鍵が同一の暗号方式です．これは例えば，家の玄関の鍵であれば，同じ鍵でドアを開けることも閉じることもできるので想像が容易です．この場合，鍵は使う人全員で共用しないといけないので（家の鍵の場合は合鍵を作る），共通鍵方式と呼ばれます．

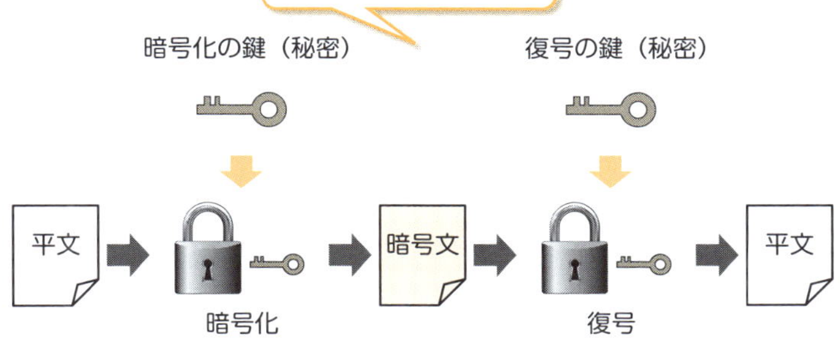

図 8·2■共通鍵暗号方式の概念

補足➡「共通鍵暗号方式」：common key encryptosystem，shared key encryptosystem
「公開鍵方式」：public key cryptosystem

2 公開鍵暗号方式

公開鍵暗号方式は，暗号化する鍵と復号する鍵が異なる暗号方式で，一方を公開し，一方を秘密にして使用します．公開するほうの鍵を公開鍵，秘密にするほうの鍵を秘密鍵と呼びます．公開鍵暗号方式は1970年代に発明された現在のインターネットの発展の土台となっている非常に重要な暗号方式です．公開鍵暗号方式が存在しなければ，インターネットの安全や信頼は確保できず，インターネットは普及しなかったと思われます．公開鍵と秘密鍵はペアであり，異なる組合せでは正しく動作しません．公開鍵を使うことにより，通信の暗号化，認証，電子署名などが可能となります．直感的な説明では,「鍵」に相当するものが秘密鍵,「錠」に相当するものが公開鍵ととらえると理解しやすいと思います．多くの公開鍵方式では, 公開鍵と秘密鍵は暗号と復号の両方に使用することができますが, 暗号方式によっては特定の組合せしか使用できないものもあります．

図8･3に公開鍵暗号方式を用いた暗号化の原理を示します．暗号化は，送信者が受信者の公開鍵を用いて電文を暗号化し，受信者は自分の秘密鍵を用いて復号します．秘密鍵を持っている人は自分のみなので，ほかの人は電文を復号できません．このようにして秘密の通信を実現します．

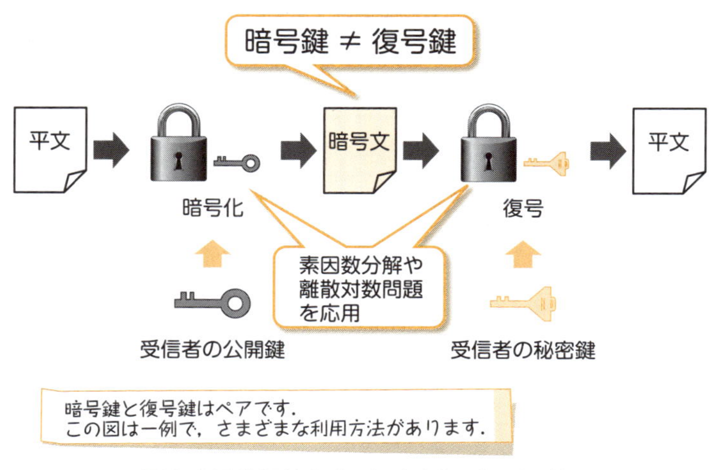

図8･3■公開鍵方式の概念（暗号化の場合）

これ以外には，例えば，送信者が確かにAさんであることを証明するために，次項で述べる電子署名と組み合わせて電子認証を実現するための方式や鍵配送などにも利用されます．

昔からある暗号としては，シーザ暗号などがありますが，現在では，コンピュータを使えば簡単に解くことができるため暗号アルゴリズムとしては使われません．現在の暗号は，数学的に安全性の裏付けのあるアルゴリズムが使われます．特に，公開鍵暗号方式は，1977年にRSA暗号として発明されたものが最初で比較的新しい技術です．RSAは素因数分解の難しさを安全性の根拠にした暗号で，発明者であるロナルド・リベスト（Ronald Rivest），アディ・シャミア（Adi Shamir），レオナルド・エーデルマン（Leonard Adleman）の頭文字の名前をとり命名されました．

例題 3

以下の文章の①～④に当てはまる語句を答えなさい．

公開鍵方式を用いて，電文を暗号化して送る場合，暗号化する鍵は（　①　）を復号する鍵は（　②　）を使う．

共通鍵方式を用いて，電文を暗号化して送る場合，暗号化と復号する鍵は（　③　）であるため，利用者で（　④　）する必要がある．

①受信者の公開鍵，②受信者の秘密鍵，③共通（同じ），④共有

3 電子署名（ディジタル署名）

電子署名とは，公開鍵暗号方式を用いて，ある文（電文）に対して確かにその人が作成したものであることおよび電文が改ざんされていないことを検証できるしくみです．リアルな世界での押印に対応します．不特定多数が利用するインターネットではなくてはならない手法です．

図8・4に示すように，まず，署名したい文のハッシュ値を求めます．これをメッセージダイジェストと呼びます．このメッセージダイジェストを署名者の秘密鍵で暗号化します．これを，電子署名と呼びます．電文にその電子署名を添付して，受信者に渡します．受信者は，署名者の公開鍵を用いて復号しメッセージダイジェストを取り出すと同時に，電文のハッシュ値を計算します．電子署名から得たハッシュ値と電文のハッシュ値を比較して同じであれば検証結果が正しいものとします．これにより，確かに公開鍵に対応した秘密鍵をもっている人であ

補足⇒「電子署名」：digital signature
「ハッシュ」：hash

ること，文が改ざんされていないことを確認することができます．

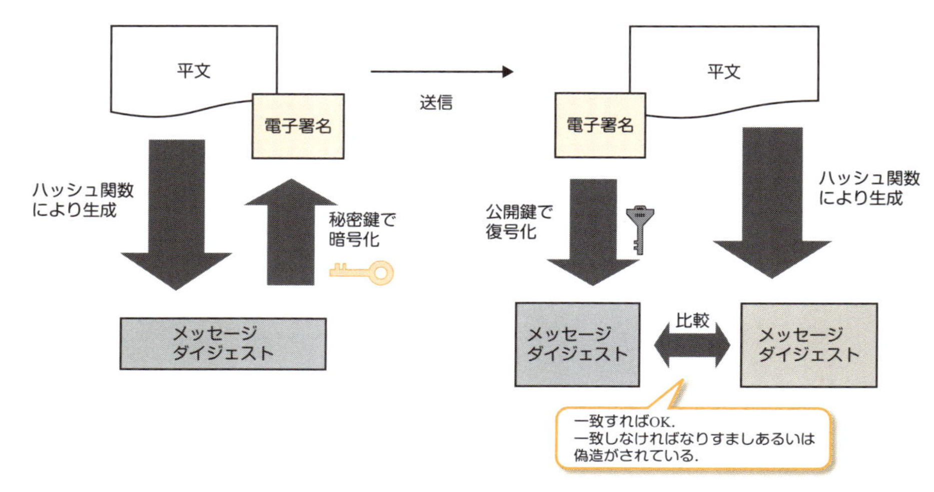

図 8・4■電子署名の概念

ハッシュ値とは，厳密にはいくつかの条件を満たす必要がありますが，直感的には，長いデータを一定長に圧縮した値です．単に短くしただけではハッシュ値とはいわず，元のデータが変化すればハッシュ値も変化し，ハッシュ値から元のデータを推測できない必要があります．

完全なハッシュ関数とはいえませんが，概念を理解するために簡単な例を示します．半角アルファベット 100 文字を 8 ビットのハッシュ値に圧縮する場合を考えます．元データは 1 文字 8 ビットで 100 文字ですから 800 ビットとなります．これを 8 ビットのハッシュ値を得るために，8 ビットのコードを数値とみなし 100 回足し算（100 文字分）します．足し算した結果は当然 8 ビットを超えますが，下位 8 ビットのみをハッシュ値とします．

署名をつけた人が公開鍵に対応する秘密鍵をもっているということは証明できますが，実はこのしくみだけでは，署名をつけた人が本当に A さんかどうかということまでは証明できません．この状態は，リアルな世界では認印に対応します．認印は誰でも購入することができますから，A という認印が押されていても A という印鑑をもっている証拠にはなりますが，確かに A さんであるという証明にはなりません．そこで，**図 8・5** に示すように公的に信頼されている認証局を設置し，その人の公開鍵を信頼されている認証局が身分を確認したうえでその公開鍵に電子署名して保障することにより，確かに A さんであることを証明します．リアルな世界での実印登録のシステムに相当します．実印登録の場合の市役所に相当するものが認証局です．

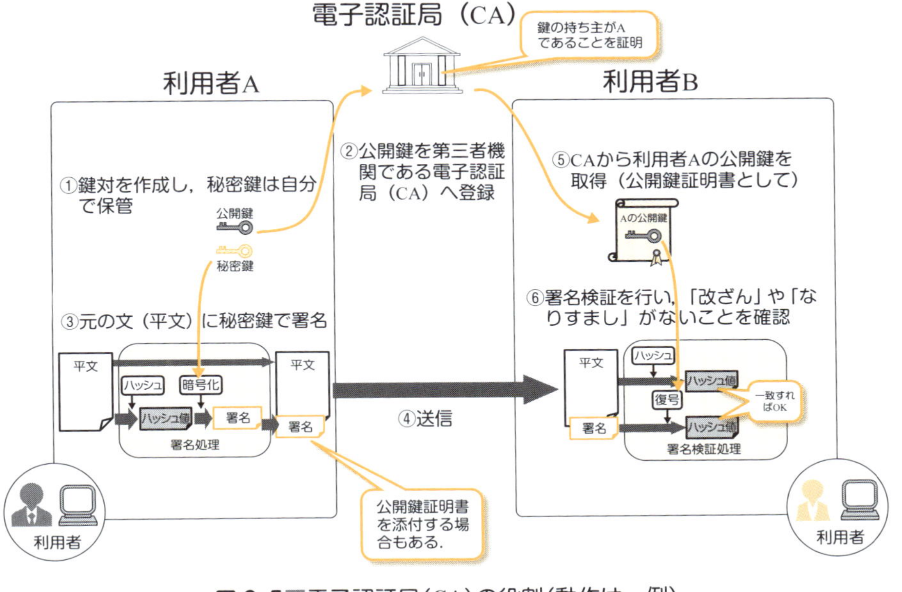

図 8・5■電子認証局（CA）の役割（動作は一例）

例題 4

ある認証局が発行した証明書をもつ金田氏が，楽金モールに対して電子メールを使って商品の注文を行う際に，金田氏が電子署名を行い，楽金モールは電子署名を確認する．これにより何が保障されるか答えなさい．

解答

・確かに金田氏が送ったメールであること．

・メールが改ざんされていないこと．

電子署名では，暗号化されないため盗聴を防ぐことはできません．

以下の文章の①，②に当てはまる語句を答えなさい．

公開鍵方式を用いて電文に署名を添付して送る場合，電文のハッシュ値の値を（　①　）で暗号化して本文と一緒に送信し，受信者は（　②　）を用いて復号しハッシュ値を求め，本文のハッシュ値と値を比較して検証する．

①送信者の秘密鍵，②送信者の公開鍵

まとめ

暗号は数学的に安全性が裏づけされたアルゴリズムです．暗号方式には，共通鍵方式と公開鍵方式があります．電子署名は公開鍵方式を使用して実現されています．

8-3 セキュア通信プロトコル

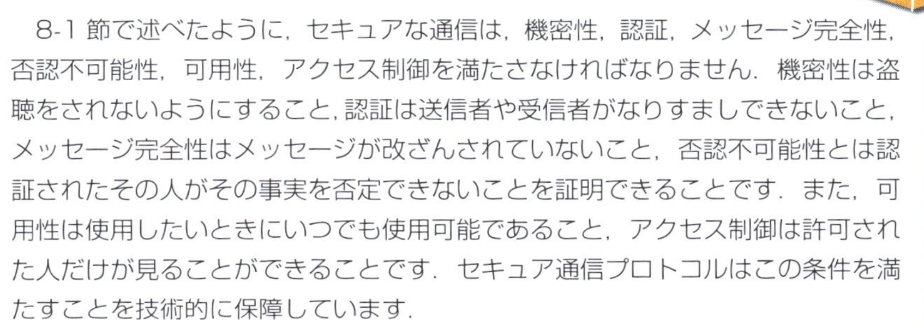

8-1 節で述べたように，セキュアな通信は，機密性，認証，メッセージ完全性，否認不可能性，可用性，アクセス制御を満たさなければなりません．機密性は盗聴をされないようにすること，認証は送信者や受信者がなりすましできないこと，メッセージ完全性はメッセージが改ざんされていないこと，否認不可能性とは認証されたその人がその事実を否定できないことを証明できることです．また，可用性は使用したいときにいつでも使用可能であること，アクセス制御は許可された人だけが見ることができることです．セキュア通信プロトコルはこの条件を満たすことを技術的に保障しています．

歴史的には，インターネット関連のプロトコルは設計が古く，当初はセキュリティを考慮していないプロトコルがほとんどであったため，ノンセキュアな従来のプロトコルをセキュア化するという手順で開発の進んでいるプロトコルが多くみられます．セキュア通信プロトコルは，通信の階層ごとにそれぞれ独立に存在します．本節では，その中で第 4 層と第 3 層の代表的なセキュア通信プロトコルを学びます．

セキュアとはセキュリティの形容詞ですが，安全である状態を示します．セキュア通信，セキュア通信プロトコルなどというと安全な通信，プロトコルということになります．厳密には，認証，メッセージ完全性，否認不可能性，可用性とアクセス制御を満たす通信やプロトコルを意味します．セキュア通信プロトコルは，通信層ごとにさまざまなものがあります．

1 SSL/TLS (HTTPS)

SSL/TLS は第 4 層のセキュア通信プロトコルです．当初 SSL と呼ばれていましたが，後に標準化され TLS に変更されましたが，現在でも SSL という名称が広く利用されています．HTTPS は SSL/TLS を下位層に使用した HTTP プロトコルです．HTTP をセキュア化したプロトコルといえます．HTTPS は TCP のポート番号 443 番を使用します．下位層に SSL/TLS を利用するアプリケーションプロトコルはそれ以外にも多くあります．例えば，メールプロトコルである SMTP over SSL はポート番号 465 番を，POP3 over SSL は 995 番を使用します．

SSL/TLS は第 4 層のプロトコルであるためエンドツーエンドで使用されるプロトコルです．次項に述べる IPS などが提供する必要のある IPsec に比べて，

補足⇒「セキュア」：secure，
「セキュリティ」：security，
「IPsec」：security architecture for internet protocol

サーバとクライアントが対応していれば第3層以下のネットが対応していなくても利用することができます.

このプロトコルは，まず鍵交換を行ってからデータ通信を行います．その手順をみてみましょう．鍵交換は主に公開鍵暗号方式を利用し，鍵交換したのち，その鍵を使用してセッションを共通鍵方式で暗号化します．加えて，改ざんを防ぐため，メッセージ認証方式を用います．鍵交換とセッション暗号化を分離するのは，公開鍵方式は共通鍵方式に比べて多くの演算パワーを必要とし性能が落ちるため，すべて公開鍵で暗号化するよりも鍵交換を安全に行ってから，セッションを共通鍵方式で暗号化するほうが，通信性能が向上するためです．

鍵交換方式にはさまざまなものがありますが，ここでは代表的なものとして公開鍵方式を利用した方式を紹介します．原理を示すため，サーバ側の認証を行うケースについて説明します．これは，通常，Eメールや Web メールサービスなどの Web サービスに不特定多数のクライアントが接続する場合に，利用者側からみて不正サイトではないことを確認するために多く用いられています．一般に Web サービスでは，その Web サーバがクライアントからみて信頼がおけるか，確かに目的とするサーバかどうか（偽造サイトやフィッシングサイトなどではないか）どうかを確かめることが必要です．**図 8･6** に示すように，サイト側がまず自身の公開鍵と公開鍵証明書（認証局の電子署名）をクライアントに送ります．クライアントはこの公開鍵を検証するとともに，この公開鍵を用いて，セッション鍵を暗号化しサーバに返します（実際にはセッション鍵そのものではなく鍵生成のためのシードです）．暗号化された鍵を受け取ったサーバは自分の秘密鍵で復号し，セッション鍵を取り出すことができます．この場合，公開鍵が認証局に登録されていること，セッション鍵を取り出せるのは秘密鍵をもっている人のみであることおよびセッション鍵は暗号化されて送られることから，サーバの確認とセッション鍵が盗聴されないことが保障されます．

一般に PKI（公開鍵基盤）では，認証局が信頼されていることがシステム全体の信頼の拠り所となります．もし，認証局に信頼がおけない場合は，たとえ SSL を使用したとしてもサイトを信頼することはできません．では，クライアントは認証局が信頼できることをどうして知ることができるのでしょうか．これはあらかじめ公知の認証局がクライアントにプリセットされていることが前提となります．したがって，例えば勝手に自分で立ち上げた認証局を用いて SSL を使用した場合には，クライアントは利用者に警告を出します．この場合，利用者（人）

補足➡「PKI」：Public Key Infrastructure

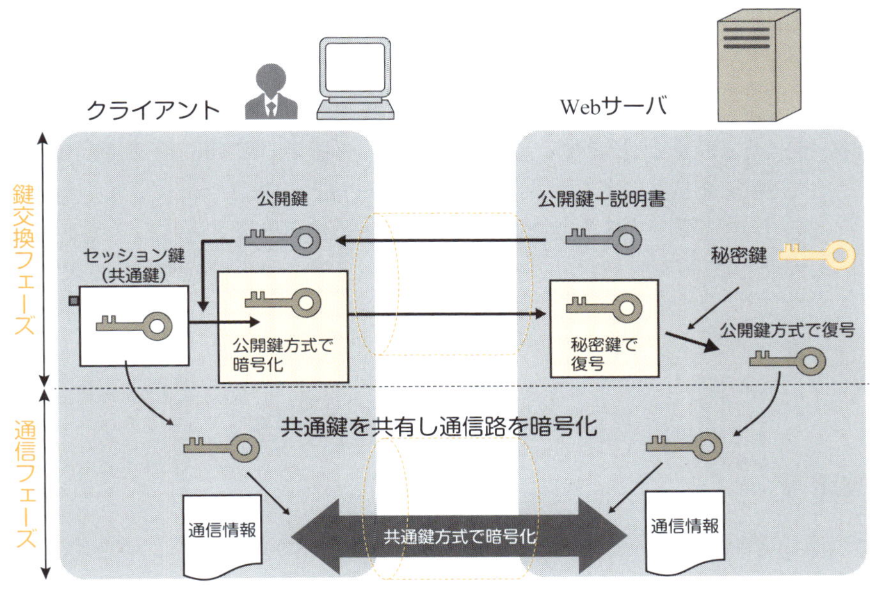

図 8·6■SSLのしくみ

が自らの責任で認証局が信頼がおけると認めた場合のみ接続されます．

セッション鍵を共有したあと，その鍵を用いて通信路を暗号化し，通常のデータ通信を行います．通常のデータ通信時には，暗号化だけでなく改ざん検知のためにメッセージ認証も同時に用いられます．

なお，メッセージの完全性を満すため，メッセージ認証を並行して用います．

原理を示すためセッション鍵を直接交換するようにここでは説明していますが，実際にはセッション鍵を直接交換するわけではなく，セッション鍵を生成するための共通鍵生成用データ（シード）を交換します．このシードはほかの用途の鍵生成にも利用されます

例題 6

以下の文章の①～④に当てはまる語句を答えなさい．

SSL を用いて SMTP を使用（SMPT over SSL）しメールを送信した．SMTP over SSL は，第（　①　）層に SSL を使用して SMTP を使用することを意味する．これにより，メールサーバとの間で ID，（　②　）や（　③　）の盗聴はできなくなる．メールサーバから先のメールの中継では，SSL が使われる保障はないので，（　④　）は盗聴される可能性があります．

①4，②パスワード，③メール本文，④メール本文

例題 7

SSL の機能を利用することにより防ぐことができる攻撃を三つ選びなさい．

A：なりすまし　B：架空請求　C：SQL インジェクション　D：盗聴

E：DDOS 攻撃　F：改ざん　G：フィッシング攻撃　F：スパムメール

A，D，F

2 IPsec

IPsec は IP をセキュア化したもので第 3 層のプロトコルです．第 3 層のプロトコルであるため，第 4 層以上では IPsec と IP の違いを意識する必要はありません．本プロトコルを利用するには VPN サーバや GW などが必要になる場合があります。

動作モードは，**図 8･7** に示すように，トランスポートモードとトンネルモードがあり，用途により使い分けます．トランスポートモードは，IP ヘッダはそのままにデータ部を暗号化する方式であり，主にエンドツーエンド間で利用されます．一方，トンネルモードは，IP パケット全体を暗号化し，新たな IP ヘッダ

補足➡「IPsec」：security architecture for internet protocol,「ISP」：internet service provider,「GW」：gateway

をつけます．主にVPNサービスに利用されます．VPNとは，インターネットなどの公共ネットワークを利用して，あたかも自分専用のネットワークであるように利用することができる技術です．自分専用というのは，他人がパケットをみることができない専用のネットワークとして使えるという意味です．

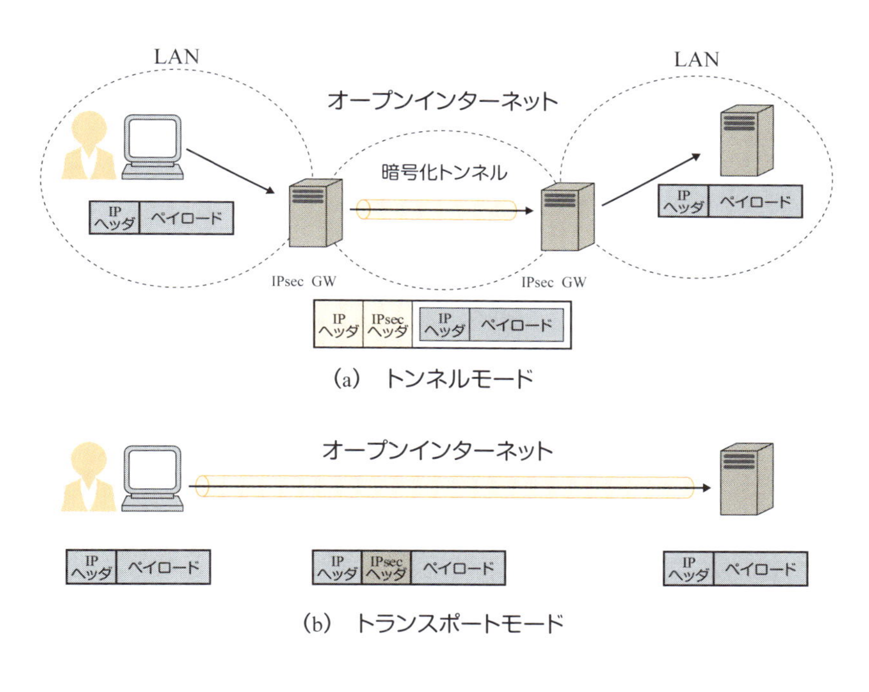

図 8·7■IPsecのモード

プロトコルには大きく分けて，AHとESPの2種類があります．AHは認証および改ざん防止機能を提供しますが，データは暗号化されません．ESPは認証機能，改ざん防止機能，データ暗号化機能をすべてもちます．両者は用途に応じて使い分けます．

補足➡「VPN」：virtual private network,「AH」：authentication header,「ESP」：encapsulated security payload

例題 8

IPsecは第（　①　）層のプロトコルであり，アプリケーションはIPsecが使用されていることを意識することなく利用することができます．IPsecを利用するためには，プロトコル変換などをする（　②　）や（　③　）を設置する必要があります．

解答　①3，②GW，③VPNサーバ

SSLは第4層のセキュアプロトコル，IPsecは第3層のプロトコルです．基本的な機能は同じですが，レイヤが異なるため使い方が違います．SSLは通信し合うクライアントとサーバがサポートすれば利用可能ですが，IPsecは原則アプリケーションで階層を意識することはありません．

8-4 防御技術

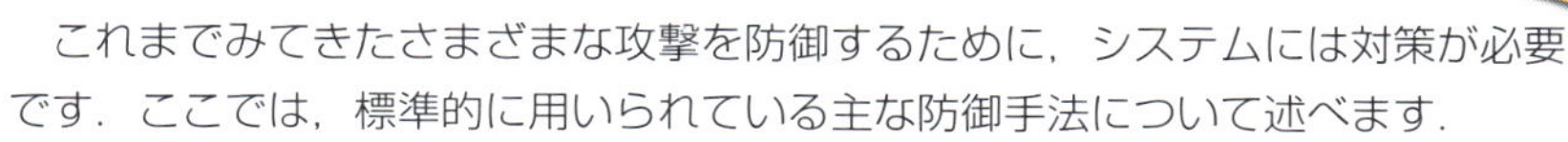

これまでみてきたさまざまな攻撃を防御するために，システムには対策が必要です．ここでは，標準的に用いられている主な防御手法について述べます．

攻撃は，インターネットからの攻撃，内部者による犯行，過失によるものなどさまざまです．企業などで構築されるLANはインターネットに接続されるのが普通であり，この場合特にインターネットからの脅威が大きくなります．ここでは，主に通信の観点からインターネットからの攻撃を防御する手法を述べます．

どれだけ多くの対策をしたとしても攻撃を完全に防御することはできないことに注意してください．しかし，だからといって，対策をしなくてよいということにはなりません．対策を検討するときには，必ず何をすればどのような攻撃を防御できるかを正確に把握しておくことが大切です．

1 ファイアウォール

インターネットからの不正なパケットの侵入を防ぐ防波堤の役割を果たす装置をファイアウォール（防火壁）と呼び，現在では，必ず設置しているといっても過言ではありません．外に火事が起こっても壁の内側に火が回らないようにする防火壁に，外側をインターネット，火事を攻撃，内側をLANに対応させるとコンセプトが似ていることからこの名前がつきました．

ファイアウォールは，**図8·8**に示すようにパケットフィルタリングを用いて受信したパケットを即座に内側のLANに通過させるか遮断するかを判定し実行します．パケットフィルタリング方式は**表8·3**に示すように，静的フィルタリング，動的フィルタリング，ステートフルインスペクション，アプリケーションデータのチェックの4種類に大別されます．後者になるほど高度な技術や計算パワーが必要になります．

補足➡「ファイアウォール」：firewall

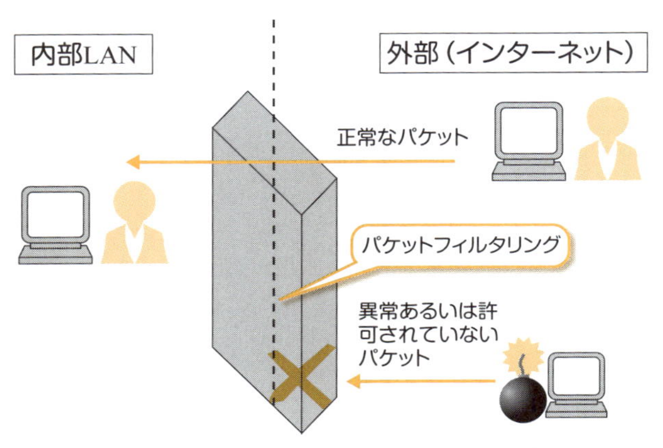

図 8・8■ファイアウォールのイメージ

表 8・3■パケットフィルタリング

方　式	機　能
静的フィルタリング	特定 IP アドレス，特定ポートなどについて，侵入するパケットを遮断する
動的フィルタリング	応答パケットのみを通す
ステートフルインスペクション	通信状態を管理して正しいパケットしか通さない
アプリケーションデータのチェック	アプリケーション層の内容をチェックし判定する（例：電子メールの内容など）

静的（スタティック）フィルタリングはヘッダの静的な情報のみで判断するもので，最も単純です．例えば，特定の IP アドレスや特定のポート番号を遮断することができます．

動的（ダイナミック）フィルタリングは，ヘッダの内容だけでなく，出入りの向きや応答パケットかどうかなどを動的に判断して処理します．例えば，外部からのパケットであっても，内部から発信した応答パケットである場合は通過させるような対応が可能となります．

ステートフルインスペクションは，使用しているプロトコルを把握したうえで現在どのステート（状態）にあるかを判断し，もしその状態にそぐわないパケットが到着したら遮断するという処理を行います．これは，プロトコルの手順を変えるなどの手法を使用した攻撃パケットなどを遮断する場合などに有効です．

上記のフィルタリングは，通常，第 4 層以下の階層で判断しますが，第 4 層以下でのチェックでは，例えばスパムメールなどのアプリケーション層を使用した攻撃は遮断できません．このため，スパムメールフィルタリングや特定のHTTPアクセスなどを遮断するためにはアプリケーション層のデータをチェックする必要があります．

例題 9

DOS攻撃には多様な攻撃手法があるが，ファイアウォールでは完全に防げないものも多い．その理由について考察しなさい．

解答 DOS攻撃のなかでも，プロトコル上異常がない攻撃（例えばリロード攻撃（F5攻撃）など）については，ファイアウォールのパケットフィルタリングでは防止することができない．

2 非武装地帯（DMZ）

ファイアウォールは，通常，インターネットとLANの境界に設置します．ファイアウォールでインターネット側と内部LANを分離した場合，例えば，外部向けWebサーバを設置しなければならない場合，ファイアウォールの外側に設置するのは危険なので内部LANに設置しなければなりません．外部向けサーバがなければ外部から侵入するパケットをファイアウォールですべて遮断すればよいのですが，外部向けサーバが設置されるとファイアウォールは外部から侵入するパケットを許可せざるを得なくなります．そうすると，内部LANに危険が及ぶ可能性が高くなります．

そこで，**図8·9**に示すように，ファイアウォールを2個使い，外部向けサーバを設置する外部からの侵入を許す区間と外部からの侵入を許さない内部LANの区間に分離します．この外部向けのサーバを設置する外部から侵入を許す領域をDMZと呼びます．DMZは軍事用語であり，敵対する隣国との国境の間に設ける非武装の緩衝地帯です．ネットワークでいうDMZはこのアナロジーからDMZと呼ばれるようになりました．

本書ではネットワーク型のファイアウォールの説明をしましたが，クライアント型ファイアウォールもあります．クライアント型ファイアウォールは，クライアントPCと接続されたネットワークの間（PC内部）に存在し，PCに侵入する不正アクセスを遮断する機能をもつものです．ネットワーク型とクライアント型では遮断できる機能が異なるため，併用するのが普通です

補足⇒「DMZ」：demilitarized zone

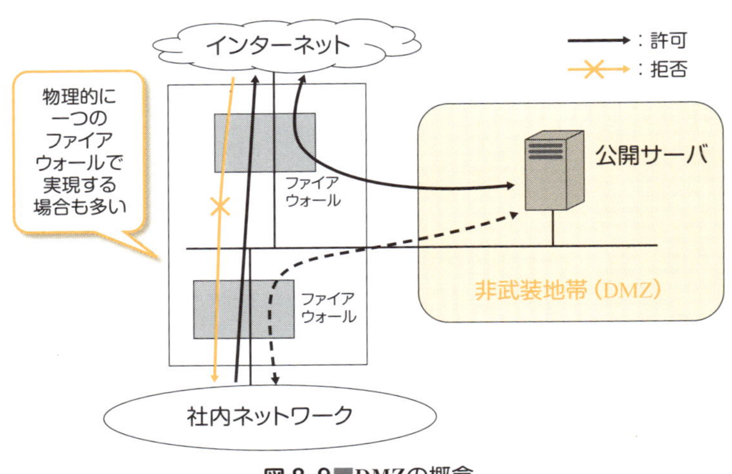

図 8・9■DMZの概念

二つのファイアウォールのポリシーはそれぞれ異なり，最適に設定されます．これにより，内部LANの安全性を保ったまま，外部向けサーバを設置できるようになります．実際には，物理的に二つのファイアウォールを設置するのは非効率的なので，一つのファイアウォールで構成する例が多く見られます．

3 IDS/IPS

ファイアウォールは通過するパケットをリアルタイムに処理しますが，すぐに判断できない攻撃も多くあります．IDSはパケットの内容やログを分析し，攻撃と思われる事象を検知します．分析はリアルタイムには行わず，判断にタイムラグがあるのが一般的です．例えば，DOS攻撃は，プロトコル上正常にみえてもトラヒック全体でみると急激にトラヒック量が増加しているといった場合があります．この場合，プロトコル的には正常なため，ファイアウォールでは攻撃かどうか判断できず遮断することはできません．IDSはこのような場合でも，トラヒックを分析するなどして攻撃が行われていると疑われる事象を検知することができます．

IDSは，通常，検知のみを行い検知結果をネットワーク管理者などに通報します．ファイアウォールとは異なり，自らは処置を行わず，管理者が処置を行いま

補足➡「IDS」：intrusion detection system

す．これは，例えばDOS攻撃の場合，単純に機械的に遮断するとサービス全体に影響を与える可能性もあり，どのように対処すべきかはサイトの種類やビジネスの状況などにより管理者が判断する必要がある場合が多いためです．

IPSは，IDSの機能に加えて必要ならば遮断などの処置をその場でできるようにしたものです．IDS/IPSは目的に応じてLANの中の最適な場所に設置する必要があります．例えば，インターネットからの攻撃を検知したい場合はDMZ内に，内部からの攻撃を把握したい場合は内部LANにという具合に設置します．複数設置する場合もあります．

4 プロキシ

プロキシとは，内部LANからインターネットにアクセスするときに，内部のクライアントの代理となりインターネットにアクセスすることを目的とした一種の中継サーバです．代理となる理由は，安全性や通信効率の向上などさまざまです．主な機能は，アドレス変換による内部クライアントの保護とグローバルアドレスの節約，キャッシュ機能によるインターネット側での通信量の削減，有害情報などのフィルタリングです．プロキシは**図8·10**に示すように，プロキシを使用する場合としない場合で手順が異なります．通常，内部LANとインターネットの間に設置されますが，インターネット上のオープンサービスとして利用されることもあります．

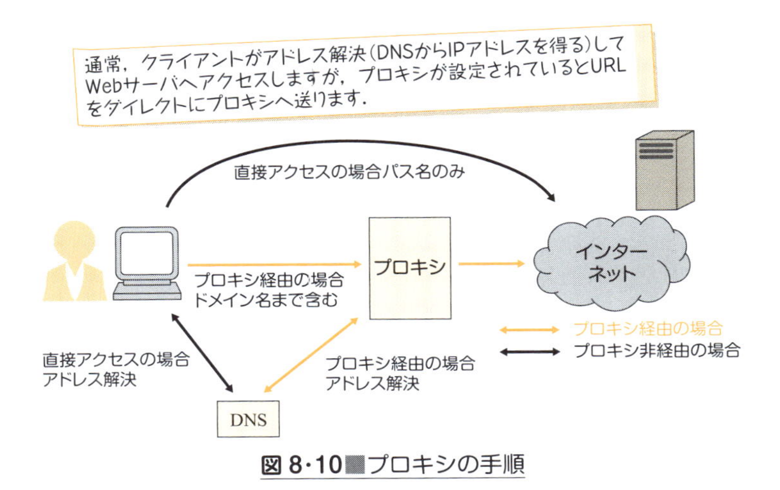

図8·10■プロキシの手順

補足→「IPS」：intrusion prevention system

プロキシを設置することにより，外部からのアクセスができなくなること，外部へアクセスするときに代表アドレスとなり内部のクライアントが守られることなどからセキュリティが向上します．逆にいうと，プロキシの内部にあるサーバは外部から閲覧することができないため，外部向け Web サーバをプロキシの内部に設置することはできません．設置したい場合には，リバースプロキシというプロキシと逆の機能をもつサーバを設置する必要があります．

5 検疫ネットワーク

これまで述べてきた対策は外部からの攻撃を防ぐためのものでしたが，検疫ネットワークは持ち込んだノート PC などのクライアントを内部 LAN に接続する場合の危険を除去するための機能です．外部から持ち込むクライアントは接続する LAN のセキュリティポリシーで管理されていない可能性があるので，セキュリティ上の対策が十分でなかったり，マルウェアに感染していたりする可能性があります．例えば，サポート終了の OS を使用している，セキュリティパッチを当てていない，禁止されているアプリケーションをインストールしている，P2P ネットワークに接続している，不正なファイルが保存されている，マルウェアに感染しているなどがあります．**図 8・11** に示すように内部 LAN に接続する前にクローズドな検疫ネットワークに接続し，上記のようなセキュリティ上の問題がないかを検査し，不備がある場合は対応可能なものは処置を行い，問題がなくなったクライアントのみを内部 LAN に接続する機構です．

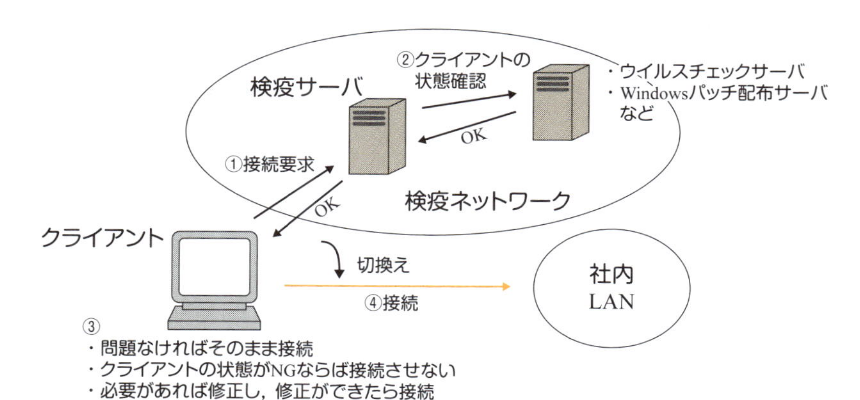

図 8・11■検疫ネットワークの構成

6 ディジタルフォレンジクス

ディジタルの世界では，どのような操作をしたのかはログ情報を保存しない限りわからなくなってしまいます．したがって，何も対策しない場合に，犯罪が起こった場合の証拠が全く存在しない場合があります．これに対して，逆にすべての操作を記録することによりリアルな世界よりも詳細に操作や状況を記録できるというメリットもあります．ディジタルフォレンジクスは，バーチャルな世界で証拠を保存し，後に誰が何をしたかなどを法的に証明できる機構です．このような機構を利用することにより，インシデントが起こった場合の捜査の助けや証拠となるだけでなく，犯罪の抑止にもなります．コンピュータフォレンジクスと呼ぶ場合もあります．

具体的な機能としては，すべてのログ情報や通信パケットを改ざんできないように保存し，再現や検証を行えるようにします．すべてのログや通信パケットを保存することにより，インシデントが起こったときに何が起こっていたのかを再現できるとともに，捜査や証拠としても利用することができます．**図 8・12** に，ディジタルフォレンジクスのシステム例を示します．

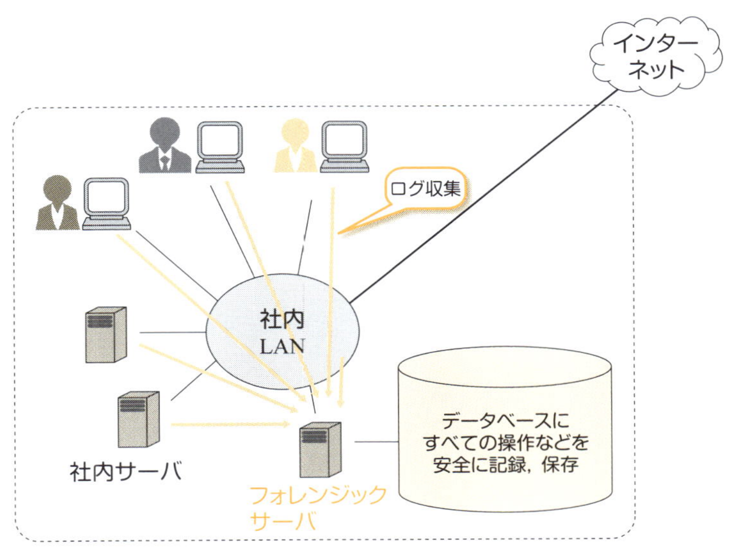

図 8・12■ディジタルフォレンジクスの例

補足➡「ディジタルフォレンジクス」：digital forensics
「コンピュータフォレンジクス」：computer forensics

まとめ

防御はさまざまな手法で同時並行的に実施されます．技術面のみではなく運用面からの対策ももちろん必要です．ネットワーク構成的には，インターネットの境目にファイアウォールを置き外部からの侵入を防ぐことが基本です．ファイアウォールだけでは完全には防ぎきれないため，必要に応じてIDSや検疫ネットワークなどをさらに設置し対応します．

どのような対策をしても攻撃を完全に防ぐことはできないため，インシデントが発生した場合に，迅速に対応する体制を整えることも大切です．

練習問題

① DOS 攻撃については，多様な攻撃手法があり，ファイアウォールで完全に防ぐのがかなり難しい．その理由を述べなさい．

易☆☆☆難

② 以下の手順に示すセキュリティ攻撃は何か．また，(3)に示す種類のマルウェアを何と呼ぶか答えなさい．

易☆☆☆難

〔手順〕

(1) 攻撃者がターゲットのメールアドレスや会社の上司などさまざまな状況を調査する．

(2) ターゲットの上司を装い，マルウェアを添付したメールを送り，マルウェアを実行させようとする．

(3) ターゲットがマルウェアを実行すると，そのコンピュータが感染し，遠隔コントロールされる．

③ 閲覧した記憶のない有料サイトから突然会費支払要求のメールが来た．そこで，電子メールに記載されている差出人のアドレスに苦情メールを返した．これは適切ではない対応であるが，その理由を述べなさい．

易☆☆☆難

④ SSL の簡略化した手順を以下に示す．(1)〜(4)に入るべき言葉を述べなさい．

易☆☆☆難

(i) クライアントからの接続要求に対して，サーバはサーバ証明書とサーバの公開鍵をクライアントに送付する．

(ii) クライアントは，（ (1) ）を用いてこのサーバ証明書を検証する．

(iii) クライアントは，共通鍵生成用元データ（シード）を作成し，サーバ証明書に添付された（ (2) ）を用いてこの共通鍵生成用元データを暗号化し，サーバに送信する．

(iv) 暗号化された共通鍵生成用データを受け取ったサーバは，（ (3) ）を用いてこれを復号する．これにより，クライアントと Web サーバの両者は，同一の共通鍵生成用元データを保有する．

(v) クライアントとサーバは共通鍵生成用元データを用いて共通鍵を作成

し，これ以降の両者間の通信は，この共通鍵を用いたSSLによる暗号化通信を行う．なお，SSLは改ざん防止のための（ (4) ）の機能ももつ．

⑤ 次の(1)～(4)にあてはまる語句を答えなさい．

ファイアウォールのパケットフィルタリング方式としては，単純なほうから，（ (1) ），（ (2) ），（ (3) ）とあり，最も上位層のフィルタリング方式として，アプリケーションのデータチェックがある．スパムメールフィルタリングを実現するには，（ (4) ）のフィルタリングを行う．

易☆☆☆難

⑥ 次の(1)，(2)にあてはまる語句を答えなさい．

非武装地帯（DMZ）とは内部LANとインターネットを（ (1) ）で区切ったエリアであり，（ (2) ）を設置するエリアである． 易☆☆☆難

⑦ （　　　）にあてはまる語句を答えなさい．

（　　　）の役割は，LANに物理的に接続されるクライアントに問題のないことを確認してからLANに接続することにより，LAN内部が汚染されないようにすることである．もし，問題がある場合，修正を試み，修正できた場合は接続するが，修正できない場合は接続しない． 易☆☆☆難

⑧ ある企業のネットワークは次の図に示すような構成である．以下の質問に答えなさい．

(1) エリアAを何というか．

(2) エリアAにはどのようなサーバを設置するか．

(3) 外部からのアクセスに対しての攻撃を検出するため，IDSを設置することになった．どの位置に設置すべきか理由とともに述べよ．

(4) エリアBに設置されているWebサーバ2は誰を対象にしたものであるか考察せよ．

(5) エリアBに設置されているDBサーバは，エリアAに設置されているWebサーバ1が外部からのアクセスのログイン時に使用するID，パスワードなどの個人情報が格納されている．このDBサーバはWebサーバ1が設置されているエリアAに設置されていたほうが便利だと思われるが，あえ

てエリアBに設置されている理由を述べよ．

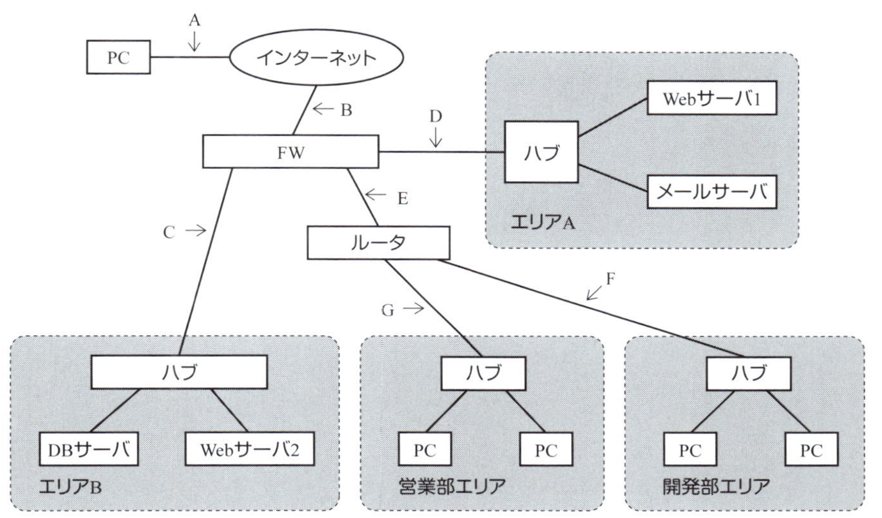

FW：ファイアウォール（ここではルータの機能ももつ）

Memo

練習問題 解答&解説

1章

① これまでは，利用者が主体的にパソコンやスマートフォンを操作することで情報のやり取りを行っていたが，IoTでは，モノをインターネットに接続して環境情報，電力情報，車情報などを自動的に収集することができる．例えば，各家庭の電力量を収集・分析し，自動的に発送電制御を行うことによって，電力の効率化を図ることができる．また，ペットやお年寄りが行方不明になったときに，自動的にその状態（位置情報など）を知ることができ，安全で快適な社会が実現できる．

② 光ファイバケーブルを使用した通信の利点は低損失であり，長距離通信が可能になることである．また，通信速度が速く，高速インターネット接続が可能となる．無線LANは，多数のPCを容易にネットワークに接続可能，配線ケーブルが不要といった利点がある．携帯電話は移動しながらどこでも通信できる，海外に行っても使用できるなどの特徴がある．

③ FDDは，上り回線（端末から基地局）と下り回線（基地局から端末）の通信を，異なる周波数を用いて行う方法．TDDは同じ周波数を用いて細かい時間単位で上り回線と下り回線を切り換えて通信を行う方法．FDDは上り回線と下り回線で別の専用帯域を使うので周波数利用効率はよくないが，信号が衝突する心配はない．TDDは上り回線と下り回線は同じ周波数を使うので周波数利用効率はよいが，時間管理をしないと信号が衝突する可能性がある．

2章

① 標本化周波数8kHzにおいて，8ビットで量子化する場合，8kHz × 8ビット＝64kbpsの符号速度となる．

② 情報データのビット数113ビット，検査符号のビット数14ビットなので全体の符号長は，113＋14＝127ビット，符号化率は，113÷127＝0.88（およそ符号化率7/8相当）となる．

③ 256QAM変調方式は1変調シンボルで256種類の信号点を取り得ることから$2^X=256$より，$X=8$．すなわち，1変調シンボルで8ビット伝送可能である．また，1変調シンボルの周期が20ns，すなわち50Msymbol/sのときの情報伝送速度は，8ビット/symbol × 50Msymbol/s＝400Mbpsとなる．

④　1OFDM シンボルの周期が 4 μs，すなわち 250ksymbol/s，16QAM 変調方式は 1 変調シンボルで 4 ビット伝送可能で副搬送波数が 128 なので，情報伝送速度は，250ksymbol/s × 4 ビット /symbol × 128 = 128Mbps となる．

3章

①　回線交換は，実際の通信を行う前に，発信側と受信側でコネクション設定を行い，回線を確保する．そののち実際の通信を行い，終了時に回線を解放するためにコネクション解放処理を行う．回線を確保するため，遅延や遅延ゆらぎの少ない通信が可能である．パケット交換は，基本的に送信側と受信側でコネクション設定を行わない．ほかのトラヒックと伝送路を共有するため，ほかのトラヒックの状況によっては遅延や遅延のゆらぎが生じる．

②　パケット交換ネットワークでは，通信に先立ち，回線交換の回線の代わりに帯域を確保し，仮想的な回線を設定して回線交換ネットワークを実現する．つまり，パケット交換ネットワークは呼ごとの占有回線をもたないので，パケット交換ノードのバッファメモリ帯域を予約することにより，回線交換ネットワークと同様のネットワーク資源を確保する．代表的なネットワークとして X.25 パケットネットワークがあげられる．

③　A から D の 4 ノードがあるとする．ノード A から各ノードにスター型トポロジーを構成すると次のように構成できる．

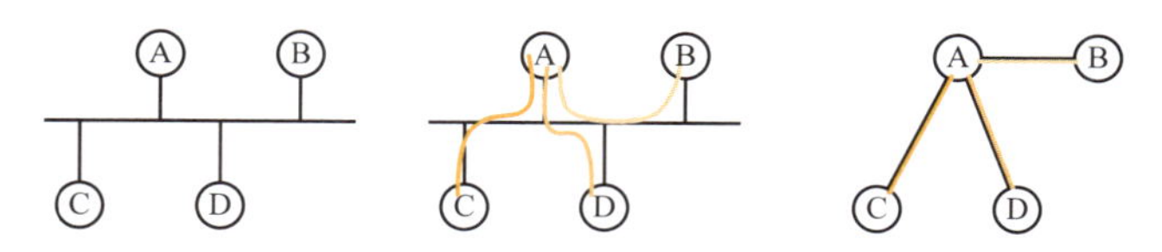

④　$\lambda = 2.0$，$1/\mu = 0.2$ より $\lambda/\mu = 0.4$．式（3･8）より平均系内呼数 $L = 0.4/(1 - 0.4) = 2/3$．リトルの公式より平均系内時間 $W_q + 1/\mu = L/\lambda = 1/3$．

4章

①　この例では，花子さんと太郎君が通信の主体で，当然，シールの意味（表現形式）は双方でわかっている，また，太郎君に届けるために，花子さんは，お母さんにお願

いしている．ここで花子さんの役割は第5～7層の機能に当てはまる．お母さんは，家の中での「シール」の手渡しや，お母さんどうしで，受取り確認のための「返事」をしているので第4層の機能に該当する．またお父さんは郵便局の職員との間で，封筒が太郎君の家まで届くようにする作業を行い，第3層の機能を担当している．良子ちゃんや配達員は「おうち」と「郵便局」または「郵便局」と「郵便局」の間で封筒を運ぶことが仕事なので第2層，自転車およびバイクは第2層が使用する物理的な手段だから，第1層に該当する（表1）．

参考までに，二重下線部は，TCP/IP に当てはめると表2のようになる．

表1■一重下線部とOSI参照モデルの各層との対応

一重下線部	OSI 参照モデルの層
花子さん，太郎君	アプリケーション（第5～7層）
花子さんのお母さん，太郎君のお母さん	トランスポート層（第4層）
花子さんのお父さん，太郎君のお父さん，郵便局の職員	ネットワーク層（第3層）
良子ちゃん，配達員	データリンク層（第2層）
自転車，バイク	物理層（第1層）

表2■二重下線部とTCP/IPとの対応

二重下線部	TCP/IP
シールを渡す相手（太郎君）を示すメモ	送信元ポート番号，宛先ポート番号
封筒	IP パケット
宛先の住所を調べる	DNS で IP アドレスを調べる
近所	同一 LAN 内
近所の郵便局	LAN 内のデフォルトゲートウェイ
近所の郵便局の場所を調べる，宛先番地の場所を調べる	ARP で MAC アドレスを調べる
返事	ACK（送達確認）

5章

① 再送間隔を固定値とすると，衝突を起こした複数の発端末が，また同じタイミングで再送をしてしまい，再衝突を起こす．ところが，再送間隔をランダムにすることに

より，再衝突の確率を低くすることができる．

② 二つのフレームが衝突したとすると，次の再送（CWの初期値＝15）で再び衝突する確率はおおよそ0.06，続けてもう一度衝突する確率は2×10^{-3}となり，待ち時間（フレーム送信時間などは除く）は最大で50単位時間程度になる．ところが最初からCWの最大値（1 023）とすると，次の再送で衝突する確率は1×10^{-3}で，待ち時間の最大値は20倍（≒1 023/50）も長くなる．一般的には，あるフレームが衝突するほかのフレームの数は，数個の場合がほとんどで，10個や100個が同時に衝突する確率は非常に低いと考えることができる．このため，大部分の場合，CW（再送間隔の最大値）は小さい値で十分であるが，まれに非常に大きな値が必要になる場合もある．このため，バイナリバックオフ方式では，最初はCWを小さな値に設定し，衝突を繰り返すたびにほぼ2倍に大きくする方法が用いられている．

③ (1) 冒頭で「スタティックルーティングでは……」とあるが，内容はその対語となる，ダイナミックルーティングの説明になっている．

(2) は正しい．

(3) 「AS内で使用するEGPと，AS間で使用するIGP」とあるが，「AS内で使用するIGPと，AS間で使用するEGP」が正しい．また，「EGPについては，インターネットではさまざまなプロトコルが使用されている」とあるが，接続するAS間で経路情報の交換を行うためには同じEGPプロトコルを使用する必要がある．また実際に，インターネットで使われているEGPはBGP4のみ．

④ (1) 各WAN区間は，両端のルータの回線インタフェースで一つずつIPアドレスが必要．ホストアドレス部がall"0"とall"1"の二つはIPアドレスとして使用できないので，WAN区間の最適なホストアドレス長は2ビットとなる．同様に，本店は6ビット，福岡支店は5ビット，名古屋と札幌は4ビットになる．

(2) 必要なサブネットの数は，本店が一つ，支店が三つ，およびそれらを接続するWANリンクが三つで，全部で七つ．ISPに割り当てられた8ビットのホストアドレスを分割して，それら七つのサブネットに割り当てる必要がある．もし，サブネットアドレスの長さを固定長としたとすると3ビットが必要になり，使用できるホストアドレス長が5ビットになるため，本店のホストアドレスが不足する．したがって，サブネットアドレスの長さをLANによって変えるVLSMを使用する必要がある．一般に，必要なホストアドレス長が大きいLANから順番に若番のIPアドレスを割り当てることにより，未割当てのIPアドレスを連続させることができる．クラスCのホストアドレス（8ビット，10進表記で0～255）を各サブネットに割り当てた例を図に示す．割当ての考え方は以下のとおりである．

まず，本社は必要なホストアドレス長が6ビットなので，サブネットアドレス（クラスCのホストアドレス8ビットの上位ビット）を2ビットとして，若番の00を割り当てる．このときネットワークアドレスは192.168.220.0/26になる．

次に，福岡は必要なホストアドレス長が5ビットなのでサブネットアドレスは3ビットだが，000と001は本社に割当て済みのため，次の若番である010を割り当てる．このときネットワークアドレスは192.168.220.64/27になる．同様に，仙台は192.168.220.96/28，札幌は192.168.220.12/28，WANはそれぞれ192.168.220.128/30，192.168.220.132/30，192.168.220.136/30になる．

以上のアドレス割当てを行った結果，未割当てのIPアドレスの範囲は，192.168.220.140～192.168.220.255になる．

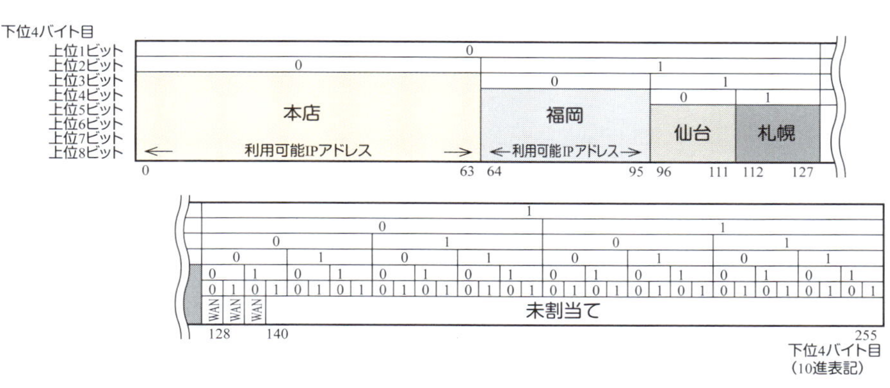

図■クラスCホストアドレスの割当て例

6章

① 受信ウィンドウが10MSS，輻輳ウィンドウが2MSSのため，送信レートは輻輳ウィンドウで決まる．RTTごとに2MSS送信できるため，2×1500バイト/10ms＝3Mbpsになる．

② ネットワークの輻輳時に輻輳ウィンドウサイズを大きくすると，ネットワークに加わる送信レートが大きくなり，TCPセグメントが紛失する可能性がさらに高くなってしまう．このため，TCPセグメントの再送が繰り返され，最悪の場合，ネットワークのすべての通信が不可になる可能性がある．

③ 電話通信では，高信頼なデータ転送よりもリアルタイム性が重視される．

例えば，携帯電話並みの音質とするには平均片道通信遅延時間が150m未満とする必要がある（TTC標準JJ201.01）．したがって，UDPの使用が適している．

④　TELNETやFTPでは，送信データだけではなく，ログイン名やパスワードも暗号化されず平文で送信される．このため，第三者がログインシーケンスをモニタすると，ログイン可能なログイン名やパスワードを知られる可能性がある．このため，実験環境などを除き，TELNETやFTPは使用せず，ログイン名やパスワードも暗号化される，SSHなどの代替手段を使用するべきである．

⑤　(1) Webサーバが待ち受けるポート番号なので80．
(2) FTPサーバがファイル転送用に使用するポート番号なので20．
(3)サーバが制御用に待ち受けるポート番号なので21になる．

7章

①　(1) IP
(2)ブロードキャスト

②　(1)クライアントPC，Webサーバ
(2)クライアントPC，Webサーバ
(3)クライアントPC，ルータ，Webサーバ

③　(1) SMTP，(2) POP3あるいはIMAP，(3) SMTP，(4) SMTP，(5) SMTP，(6) HTTP，(7) HTTP

8章

①　DOS攻撃にはパケットのヘッダが改ざんされているものやプロトコル的に正常でないもの，あるいは改ざんされていなくプロトコル的にも正常な攻撃がある．このうち，パケットフィルタリングでの遮断を基本とするファイアウォールでは，後者は正常な通信のため遮断することはできない．

②　(1)(2)標的型メール攻撃，(3)はボット．

③　スパムメールのメールアドレスは不正に入手したものがほとんどであり，受信者が本当に存在するかははっきりわからない．したがって，返信することにより，確かに

受信し読まれたことが送信者にわかってしまい，さらに，またスパムメールが来ることになる．また，スパムメールのヘッダは偽造されているのが普通であることから，そのメールアドレスが正しいとは限らない．苦情を伝える場合は，自身のISPに相談するのが良い．なお，スパムメールにあるURLなどは不正サイトに誘導される場合があるので，クリックしてはならない．

④　⑴認証局の公開鍵，⑵サーバの公開鍵，⑶サーバの秘密鍵，⑷メッセージ認証

⑤　⑴静的フィルタリング，⑵動的フィルタリング，⑶ステートフルインスペクション，⑷アプリケーションデータのチェック

⑥　⑴ファイアウォール，⑵外部向け（インターネットからアクセス可能）のサーバ

⑦　検疫ネットワーク

⑧　⑴　非武装地帯（DMZ）

⑵　外部（インターネット）に公開するサーバ

⑶　エリアA　理由：外部から攻撃されるサーバは外部公開サーバであり，エリアAに設置されているため．

⑷　社内LAN利用者向けサーバ（インターネットからは閲覧できない）

⑸　DBサーバをエリアAに設置した場合，このエリアは外部からのアクセスを許しているので，DBサーバに侵入される危険が大きくなる．したがって，外部からアクセスされる心配のないエリアBに設置し，インターネットからの直接のアクセスではなく，エリアAに設置されているサーバからのみのアクセスをファイアウォールが許可するようにして安全性を確保するため．

索　引

ア　行

カ　行

サ　行

タ　行

ナ 行

ハ 行

マ 行

ヤ・ラ・ワ行

英数字

〈監修者・著者紹介〉

大塚裕幸（おおつか　ひろゆき）

1983年，北海道大学大学院工学研究科電子工学専攻修士課程修了．同年，日本電信電話公社（現NTT）入社．1999年，NTTドコモに転籍．2010年より工学院大学工学部情報通信工学科教授．次世代移動通信方式に関する研究に取り組んでいる．
博士（工学）
〈主な著書〉
「4G LTE/LTE-Advancedのすべて」（翻訳・共著 / 丸善出版，2015）
〈所属学会〉
電子情報通信学会，IEEE
〈資格〉
第1級無線技術士
【執筆箇所：1章】

久保田周治（くぼた　しゅうじ）

1980年，電気通信大学電気通信学部電波通信学科卒業．同年，日本電信電話公社（現NTT）入社．2008年より芝浦工業大学工学部通信工学科教授．入職以来，衛星通信方式，パーソナル通信方式，無線LANなどの誤り制御，変復調，多元接続方式などの研究開発に従事．近年はユビキタス・ネットワーク技術を研究している．
博士（工学）
〈主な著書〉
「改訂3版　802.11高速無線LAN教科書」（共同監修 / インプレスR&D，2008）
〈所属学会〉
電子情報通信学会，電気学会，IEEE
【執筆箇所：2章】

馬場健一（ばば　けんいち）

1992年，大阪大学博士前期大学院基礎工学研究科物理系専攻（情報工学分野）修了．同年，大阪大学助手．1995年，博士（工学）（大阪大学），1997年，高知工科大学講師．1998年，大阪大学助教授．2014年，工学院大学工学部情報通信工学科教授，2015年，同大学情報科学研究教育センター所長兼任．計算機システム・ネットワーク，情報通信工学などの研究に従事している．
博士（工学）
〈所属学会〉
IEEE Communications Society，電子情報通信学会
【執筆箇所：3章】

宮 保 憲 治 （みやほ　のりはる）

1974 年，電気通信大学応用電信工学科卒業．同年，日本電信電話株式会社（現 NTT）入社，電気通信研究所配属．1997 年，工学博士．2003 年，東京電機大学情報環境学部情報環境工学科教授，技術士（情報工学部門）．2005 年，東京電機大学大学院情報環境学研究科専攻教授．2007 年，東京電機大学大学院先端科学技術研究科情報通信メディア工学専攻教授．2010 年総合研究所第 3 研究部門長，情報環境学研究科専攻主任教授，現在に至る．通信ネットワーク技術，センサネットワーク，可視光通信，サイバーセキュリティの研究を推進中．

工学博士

〈所属学会〉

電子情報通信学会フェロー，IEEE シニア会員，情報処理学会，日本応用数理学会，照明学会，日本技術士会会員

【執筆箇所：4，5，6 章】

小 川 猛 志 （おがわ　たけし）

1991 年，東京大学大学院相関理化学科修士課程物性理論専攻．同年，日本電信電話株式会社交換システム研究所（現ネットワークサービスシステム研究所）入社．2007 年，早稲田大学大学院情報生産システム研究科博士後期課程情報生産システム工学専攻修了．2008 年，東京電機大学非常勤講師．2014 年より同教授．現在，東京電機大学情報環境学部情報環境学科教授．NTT 時代より一貫して通信ネットワークおよび通信サービスの分野で研究に従事．特に次世代インターネット方式，M2M 通信方式に興味をもっている．

博士（工学）

〈所属学会〉

電子情報通信学会シニア会員

【執筆箇所：4，5，6 章】

金 井　　敦 （かない　あつし）

1980 年，東北大学工学部通信工学科卒業．1982 年東北大学大学院工学研究科情報工学科博士前期課程修了．同年，日本電信電話公社電気通信研究所入社．2008 年から現在，法政大学理工学部応用情報工学科教授．ソフトウェア開発プロセス，ソフトウェア分散開発環境，Web サービス開発技術，ネットワークコミュニティ，情報セキュリティ，ネットワークセキュリティの研究開発に従事している．

博士（情報科学）

〈主な著書〉

「攻めと守りのシステムセキュリティ」（共著 / 一般社団法人 電子情報通信学会，2009）
「EC と情報流通－電子商取引が社会を変える－」（共著 / 裳華房，2001）
「ソフトウェアインスペクション」（共著 / 共立出版，1999）
「ソフトウェアの成功と失敗」（共著 / 共立出版，1997）

〈所属学会〉

電子情報通信学会シニア会員，情報処理学会シニア会員，IEEE

【執筆箇所：7 章，8 章】

基本からわかる
情報通信ネットワーク講義ノート

2016年1月20日　第1版第1刷発行
2024年2月10日　第1版第8刷発行

監修者　大塚裕幸
著　者　大塚裕幸・小川猛志・金井　敦・久保田周治・馬場健一・宮保憲治
発行者　村上和夫
発行所　株式会社 オーム社
郵便番号　101-8460
東京都千代田区神田錦町3-1
電話　03(3233)0641(代表)
URL https://www.ohmsha.co.jp/

印刷・製本　平河工業社
ISBN978-4-274-21835-4　Printed in Japan